Ramona Teschner

ulmer

DIE OPTIMALE BALANCE ZWISCHEN VERTRAUEN UND RESPEKT

HUNDE ERZIEHEN MIT KÖRPERSPRACHE

Das Body Talk Communiucation System® (BTCS)

Inhalt

Vorwort

Vertrauen und Harmonie sind die Grundlagen einer funktionierenden Hund-Mensch-Beziehung. Allerdings fallen beide nicht vom Himmel, sondern sind das Ergebnis einer verständnisvollen Kommunikation. Doch gerade daran mangelt es oft im Alltag mit Hund. Viele arrangieren sich mit Situationen, die eigentlich unerwünscht sind, aber doch unabänderlich erscheinen. Doch das sind sie nicht: Mithilfe eines Dialogs, der die natürlichen Verhaltensweisen des Hundes berücksichtigt, können wir klare Signale geben und Missverständnissen vorbeugen. Dabei spielen die Körpersprache und das Wissen um die verschiedenen Verhaltensweisen und Reaktionsmöglichkeiten des Hundes die zentralen Rollen.

Das Body Talk Communiucation System® (BTCS) beinhaltet all das. Ziel des Trainings ist zum einen, das Vertrauen zwischen Hund und Mensch aufzubauen und zu festigen. Zum anderen soll der Hund lernen, seinen Menschen höflich zu respektieren und kooperative Angebote zu machen. Der Weg dorthin führt über eine Selbstschulung, die unser Bewusstsein für die Wirksamkeit der eigenen Körpersprache schärft. Das erfordert Disziplin und Durchhaltevermögen. Auch die Auseinandersetzung mit den natürlichen Verhaltensweisen von Hunden untereinander gehört zum BTCS. Denn Hunde leben uns genau vor, wie sie unmissverständlich miteinander kommunizieren. Es lohnt sich, Hundeverhalten zu beobachten und Elemente der Sprache unserer Vierbeiner in die Ausbildung und den täglichen Umgang zu integrieren.

Die nächste große Lernaufgabe besteht darin, konsequent zu sein. Es hilft nicht, während der ersten Monate der Ausbildung körperbewusst und klar mit dem Hund zu kommunizieren, wenn sich mit der Zeit wieder Nachlässigkeiten einschleichen. Ziel des BTCS ist es, eine Grundlage für den täglichen Umgang mit dem Hund zu schaffen, von der Hund und Mensch ein Leben lang profitieren. Die klare Kommunikation wird zur Normalität.

Die Vorteile liegen auf der Hand: Mithilfe des BTCS lenken wir unseren Hund fast für andere unsichtbar – wie von Zauberhand. Mit Zauberei hat das Ganze jedoch nichts zu tun, sondern ausschließlich mit einer klaren, für den Hund verständlichen Form der Kommunikation. Ein Ziel, das sich lohnt!

Ramona Teschner

Grundlagen der Erziehung mit Körpersprache

Sechs Hunde gleichzeitig und keiner tanzt aus der Reihe.

Unser Körper als Spiegel

Im Alltag kommt es oft viel zu kurz: unser Bewusstsein für die eigene Körpersprache. Wir drücken vieles mit unserem Körper aus und ein geschultes Gegenüber versteht diese Signale auch. Hunde bedürfen hinsichtlich dieser Fähigkeit nicht einmal der Schulung. Sie lesen unsere körpersprachlichen Signale ganz intuitiv und das können wir uns bei der Hundeausbildung zu Nutzen machen.

Unser Körper ist ein wunderbares Geschenk. Denn er bringt alle Voraussetzungen mit, um unmissverständlich mit Hunden zu kommunizieren. Dabei übernehmen Kopf, Oberkörper und Beine zentrale Rollen. Mal einzeln, mal im Zusammenspiel – wobei meistens erst die Kombination aller körperlichen Signale eine klare Botschaft übermittelt. Dennoch hilft es uns, zunächst die Möglichkeiten einzelner Körperpartien zu betrachten, um diese dann gezielt zu trainieren. Anfangs ist das erforderlich, weil wir uns meistens intuitiv bewegen. Oft wirken wir auf andere dabei ganz anders, als wir denken – auch auf unsere Hunde. Das offenbart sich spätestens dann, wenn uns jemand filmt und wir uns beim Betrachten des Films plötzlich völlig fremd vorkommen.

Menschen, die sich bewusst mit Körpersignalen auseinandersetzen, bewegen sich hingegen gezielt. Sie kennen die Wirkung der kombinierten Körpersprache und setzen sie individuell ein. Diese Fähigkeit hilft uns im Umgang mit anderen Menschen und gestaltet die Kommunikation mit Hunden zielorientierter. Denn nur klare Botschaften spiegeln das eigene Denken wider und motivieren andere auch zu klaren Reaktionen.

Dabei sind die Parallelen der Wirkung von Körpersprache auf Menschen, Hunde, Pferde und andere Lebewesen verblüffend ähnlich. Wir spüren, ob sich jemand einladend oder abweisend verhält. Wir nehmen Anerkennung ebenso wie Unzufriedenheit unseres Gegenübers wahr. Und genau das beherrschen unsere Haustiere auch. Dabei sind ihre Sinne oft noch weitaus geschärfter als unsere. Dieses Bewusstsein ist Grund genug, die Wirkung der eigenen Körpersprache zu überdenken, zu verfeinern und gezielt einzusetzen, um Missverständnissen vorzubeugen. Das Zusammenleben mit Hunden vermag so harmonisch und partnerschaftlich zu sein. Freuen Sie sich auf eine Erfahrung, die Ihr Leben mit Hunden schöner, erfolgreicher und glücklicher macht.

GEMEINSAM VORAN

Der tägliche Spaziergang, ein Bummel durch die Stadt, ein Wochenende am winterlichen Strand: Es gibt zahllose Anlässe, bei denen wir unseren Hund gerne an der Seite haben. Wohlbemerkt an der Seite. Nicht zwei Meter vor uns oder einen Meter dahinter. Dabei reichen Halsband und Leine längst nicht aus, um dieser Wunschvorstellung näherzukommen. Denn wenn der Vierbeiner nur nach allen Seiten zieht, macht das keinen Spaß. Das Spannende ist, dass Hunde erst dann zuverlässig an der Leine laufen, wenn sie das auch ohne Leine tun. Mit unserer Körpersprache können wir sie perfekt positionieren und auch beim Spaziergang genau dort halten, wo wir es wollen.

Julia ist perfekt in Laufrichtung ausgerichtet. Griffon Korthals Horsti orientiert sich an ihr.

Isolierte Bewegungen

Das unabhängige Bewegen von Schulterpartie und Becken fällt mitunter schwer. Das lässt sich aber einfach trainieren, wenn wir beispielswiese auf einem Stuhl sitzen. Hierzu beide Beine fest auf dem Boden platzieren. Das Becken ganz bewusst ruhig halten und den Oberkörper mehrmals abwechselnd nach links und rechts drehen. Dann die Übung im Stehen wiederholen.

Alles beginnt mit der Ausrichtung des eigenen Körpers in die Laufrichtung. Das ist doch klar? Meinen Sie. Wie oft wollen wir nach vorne gehen, drehen uns aber zum zurückbleibenden Hund um, ziehen womöglich an der Leine und fragen ihn, weshalb er nicht mitkommen will? Die Frage versteht er mit hoher Wahrscheinlichkeit ohnehin nicht. Auf seine Antwort warten wir umsonst. Das Ziehen an der Leine erzeugt Gegendruck und das Umwenden zum Vierbeiner wirkt auf ihn wie eine blockierende Wand. Also richten wir unseren Körper besser gleich in Laufrichtung aus. Unser Kopf darf sich dabei allerdings schon leicht dem Hund zuwenden, um durch Blickkontakt seine Aufmerksamkeit zu gewinnen. Die Schulter, über die wir den Hund anblicken, bewegt sich dabei auch leicht zum Hund hin. Das ist ein einladendes Signal, das den Weg nach vorne freigibt. Der restliche Körper bleibt währenddessen konsequent in Laufrichtung ausgerichtet.

DIE LEINE

Eine leicht durchhängende Leine ist die Grundlage für das körpersprachlich gesteuerte Führtraining. Es gilt, den Hund durch körpersprachliche Signale zum Folgen zu motivieren. Würde er mithilfe der Leine einfach in Position gezerrt, fände dabei kein positiver Lerneffekt statt. Ziel des Trainings ist es, den Hund im „Lesen" der menschlichen Körpersprache zu schulen und die gewünschten Reaktionen darauf zu festigen. Zu Beginn des Trainings hält die rechte Hand das Leinenende, die linke Hand greift zusätzlich in die Leine, um das Startsignal zu geben. Dazu heben Sie diese Hand an, um den Hund zum Folgen zu motivieren. Sobald die gewünschte Reaktion erfolgt, senken Sie die Hand wieder in die Normalposition ab. Reicht all das nicht aus, hilft es, die dem Hund zugewandte Schulter und die ihm zugewandte Hüfte seitlich zu öffnen. Sobald sich der Hund in der gewünschten Position befindet, geht es vorwärts. Die linke Hand gibt die Leine frei und klopft auf den Oberschenkel des Hundeführers, falls es dem Vierbeiner noch an Folge-Motivation mangeln sollte. Dort kann die linke Hand auch als Orientierungshilfe für den Hund ruhen.

Enger Körperkontakt vereinfacht die Kommunikation.

Julia lädt Mischling Emil mit einer freundlichen Körperhaltung ein, zu ihr zu kommen.

ANSCHLUSSBEREITSCHAFT TRAINIEREN

Die Anschlussbereitschaft des Hundes lässt sich mit einer weiteren Übung auch gesondert trainieren. Dazu begibt sich der Hundetrainer in eine frontale Position zum Hund. Die Einladung zum Näherkommen erfolgt durch eine weiche Körpersprache und eine auf den Oberschenkel klopfende Hand. Eine insgesamt geringe Muskelanspannung, leicht gebeugte Knie, ein gerundeter Rücken, bewusstes Ausatmen und eine entspannte Bauchmuskulatur vermitteln dem Hund eine defensive Ausstrahlung, die eine Annäherung ermöglicht. Funktioniert diese Übung, lassen sich die körpersprachlichen Signale verfeinern. Dabei erfolgt eine zunehmende Aufrichtung des Oberkörpers, während die auf den Oberschenkel klopfende Hand weiterhin als Orientierungshilfe dient.

Aus dieser frontalen Position heraus lässt sich eine weitere Übung entwickeln: Der Hund soll lernen, dem Hundetrainer ein aktives Angebot zu machen, indem er seine Aufmerksamkeit zeigt. Dazu steht der Hundetrainer relativ aufrecht, neigt den Kopf soweit, dass Blickkontakt zum Hund besteht, legt eine Hand auf seinen Bauch und setzt ein Bein einladend nach vorne. Der Hund soll sich nun annähern und eine sitzende Position einnehmen.

Unsicheren Hunden fällt Anschlussbereitschaft schwerer als selbstsicheren Hunden. Bei ihnen erfolgen die körpersprachlichen Signale noch viel defensiver. Dazu geht der Hundetrainer in eine Position, bei der die Knie stärker gewinkelt und der Oberkörper weiter nach vorne gebeugt sind. Eine Hand hält die Leine, während die andere den Vierbeiner freundlich heranwinkt. Anschließend richtet sich der Hundetrainer wieder langsam auf, achtet weiter auf eine entspannte Muskulatur und lädt den Hund dazu ein, eine sitzende Position einzunehmen. Anschließend streicheln wir dem Hund beidseitig den Kopf, um ihm Ruhe und Bestätigung zu vermitteln.

Mangelt es nach wie vor an Anschlussbereitschaft, hilft die Leine, den richtigen Weg zu finden. Der Hundetrainer begibt sich in die bereits beschriebene Ausgangsposition, die den Hund zum Vorsitzen einladen soll. Während eine Hand als Orientierungshilfe auf Gürtelhöhe ruht, führt die andere langsam die Leine nach hinten am Körper des Menschen vorbei. Ein freundlicher Gesichtsausdruck, eine ruhige Atmung und entspannte Muskeln schaffen gleichzeitig eine vertrauensvolle Atmosphäre, die den Hund dazu motiviert, näher zu kommen und ein aktives Angebot zu machen.

Auf die sitzende Position folgt das Abstreichen des Kopfes.

RAUMKONTROLLE

Einen Hund aus der Bewegung gezielt auszubremsen oder komplett anzuhalten, ist in vielen Situationen hilfreich. Dieses Ausbremsen erfolgt durch die Raumkontrolle, bei der eine Hand oder auch der ganze Körper des Hundetrainers zum Einsatz kommen. Anfangs erfolgen diese Signale überdeutlich. Sobald der Hund begreift, was die Signale bedeuten, erfolgt die Verfeinerung. Um Raumkontrolle auszuüben, spannt der Hundetrainer seine Muskulatur an. Ein fast senkrecht aufgerichteter Oberkörper vermittelt Überzeugungskraft, so wie auch der nur dezent abgesenkte Kopf. Der freundliche Blick, der zum Annäherungstraining gehört, weicht einer konsequenten Ausstrahlung und einem direkten Blickkontakt. Doch das markanteste Signal der Raumkontrolle geht von der Hand des Hundetrainers aus. Die geöffnete Handfläche richtet sich zum Hund hin aus – so, als wolle sie ihm den Weg versperren. Das Zusammenspiel der körpersprachlichen Signale ergibt eine optische Blockade, die dem Raumanspruch des Hundetrainers Ausdruck verleiht. Die in den Weg des Hundes gedrehte Schulter und Hüfte des Hundetrainers spielen bei der Raumkontrolle ebenso eine Rolle wie auch ein Bein, das, nach vorne versetzt, eine optische Barriere ist.

Praktische Übung zur Raumkontrolle

Hund und Trainer bewegen sich in Führposition mit durchhängender Leine vorwärts. Der Hund läuft links. Um Raumkontrolle auszuüben und den Hund zu stoppen, dreht der Hundetrainer seine rechte Schulter und rechte Hüfte zum Hund hin, öffnet die rechte Handfläche und bewegt sie vor den Hund. Gleichzeitig setzt er sein rechtes Bein als optische Barriere ein, indem er es ein wenig in den Weg des Hundes stellt. Hierbei unbedingt an den direkten Blickkontakt denken und tief einatmen, um die Körperspannung zu erhöhen. Die Muskulatur des Hundetrainers ist angespannt und vermittelt Durchsetzungsvermögen.

Diese Übung lässt sich übrigens leicht abwandeln, um gleichzeitig auch das Signal „Platz" zu trainieren. Dazu setzt der Hundetrainer sein Bein noch weiter vor den Hund, um ihm den Weg nach vorne komplett zu versperren. Gleichzeitig dreht er die zum Hund gewandte Handfläche so, dass sie nach unten zeigt, beugt den Oberkörper verstärkt nach vorne und sagt „Platz". Auch hier handelt es sich um gezielte Raumkontrolle. In diesem Fall von vorne und von oben.

Die Auflösung der blockierenden Raumkontrolle erfolgt durch einen fließenden Übergang zur nächsten Übung. Dazu schließt der Hundetrainer seine bislang geöffnete Hand und bewegt sie zurück. Schultern, Hüfte und Beine richten sich nun in Bewegungsrichtung aus und die Hand lädt den Hund ein mitzukommen. Nun ist die Körperhaltung wieder weich und einladend. Der Hundetrainer atmet aus und achtet auf eine entspannte Bauchmuskulatur. Bitte nicht vergessen, den Hund bei Erfolg immer ausgiebig zu loben. So bleibt er motiviert für die weitere Zusammenarbeit.

Auf die Raumkontrolle folgt das Einladen zur erneuten Bewegung.

Körpersprache – das Praxistraining

Body Check

Das ging Ihnen alles zu schnell? Sie möchten Ihren Fokus erst einmal auf einzelne Körperbereiche richten, diese gezielt trainieren und später erst zur kombinierten Körpersprache zusammenfügen? Kein Problem. Auf zum Body Check!

KOPF

Unser Kopf bietet gleich eine Vielzahl an Kommunikationsmöglichkeiten. Wir können ihn gerade positionieren, zur Seite drehen, absenken oder auch anheben. Unsere Augen vermögen direkten oder indirekten Blickkontakt zu pflegen. Ihre Ausdrucksmöglichkeiten sind vielfältig. Sie reichen von Freundlichkeit über Bestimmtheit und Skepsis bis hin zu Ablehnung. Unsere Mundwinkel wandern nach oben und nach unten. Mit ihnen lachen wir, wirken neutral oder mürrisch. Theaterschauspieler absolvieren eine einfache Übung, um die Ausdrucksvarianten ihres Kopfes zu überprüfen und zu verfeinern. Probieren Sie es doch einmal aus. Einfach vor einen Spiegel stellen und folgende emotionale Stimmungen mit dem Kopf zum Ausdruck bringen:

Neutraler Gesichtsausdruck: Der Blick ist geradeaus gerichtet. Die Mundwinkel befinden sich in einer entspannten Normalposition. Der Kopf ist gerade – weder nach unten geneigt noch angehoben. Die Augenbrauen sind weder nach oben noch nach unten gezogen. Unser Atemrhythmus ist ruhig und gleichmäßig.

Freundlicher Gesichtsausdruck: Die Augenlider nähern sich leicht aneinander an. Rund um die Augen bilden sich kleine Lachfältchen. Beide Mundwinkel wandern leicht nach oben. Wir lächeln mit geschlossenen Lippen.

Freudiger Gesichtsausdruck: Die Lider nähern sich noch dichter aneinander an. Die Lachfältchen vertiefen sich. Die Mundwinkel sind nun maximal nach oben gezogen. Wir zeigen beim Lachen unsere Zähne.

Skeptischer Gesichtsausdruck: Die Stirn legt sich in Falten. Die Augenbrauen nähern sich an. Die Augen blicken ernst. Die Mundwinkelmuskulatur ist leicht angespannt und lässt unsere Lippen schmaler erscheinen. Das Kinn bewegt sich in Richtung Brust, wodurch sich der Kopf leicht absenkt. Unser Atemrhythmus wird flacher.

Hunde reagieren auf unseren Gesichtsausdruck.

Wütender Gesichtsausdruck: Die Stirn durchziehen tiefe Falten. Auch die Zornesfalte zwischen den Augenbrauen zeichnet sich nun deutlich ab. Der Mund zieht sich zusammen. Der Kopf ist abgesenkt. Wir atmen tief ein und verharren mit angespanntem Brustkorb.

Nackenspannung: Wenn wir Stress oder Ärger verspüren, verspannt sich unsere Nackenmuskulatur. Auch das wirkt sich auf unsere Kommunikation mit dem Hund aus. Wollen wir Druck aufbauen, ist eine angespannte Nackenmuskulatur hilfreich. Für ein harmonisches Miteinander müssen wir sie entspannen. Wenn das schwerfällt, hilft eine einfach Übung, die man am besten regelmäßig wiederholt: Einfach – ganz gerade aufgerichtet – auf einen Stuhl setzen, ohne die Lehne zu berühren. Beide Arme entspannt nach unten hängen lassen und den Kopf etwas nach vorne bewegen. Nun das Kinn in Richtung Brust absenken und diese Position fünf Sekunden lang halten. Dann den Kopf mit weiterhin abgesenktem Kinn sanft nach rechts drehen und diese Position fünf Sekunden lang halten. Dieselbe Bewegung nach links wiederholen und ebenfalls fünf Sekunden lang in dieser Position verbleiben. Dann den Kopf wieder langsam aufrichten.

OBERKÖRPER

Unser Oberkörper ist für Hunde weithin sichtbar und er bietet eine Vielzahl von Ausdrucksmöglichkeiten. Wir vermögen ihn nach vorne zu beugen, nach hinten zu lehnen oder zu beiden Seiten hin abzukippen. Hinzu gesellen sich die Schultern, die wir beispielsweise hochziehen oder herabhängen lassen können. Bei der Kommunikation mit Hunden ist es wichtig, ganz bewusst auf die Atmung zu achten. Denn sie wirkt sich ebenfalls konkret auf die Ausdruckskraft unseres Oberkörpers aus. Atmen wir tief ein, dehnt sich der Brustkorb aus. Atmen wir aus, sinkt er in sich zusammen, die Muskelanspannung lässt nach. Unsere Hunde nehmen all das wahr. Deshalb ist es sinnvoll, sich über die Wirkungsweise der körpersprachlichen Ausdrucksmöglichkeiten unseres Brustkorbs bewusst zu werden. Wir bauen mithilfe des Oberkörpers Druck auf, nehmen Druck, wirken abweisend oder einladend. Unsere Schultern fungieren als Raum beanspruchende oder Raum freigebende Signale. Hier die Möglichkeiten im Detail:

Vorbeugen: Ein nach vorne gebeugter Oberkörper kann eine einladende und eine bedrohliche Signalwirkung auf den Hund haben – abhängig von der Kopfposition, dem Atemrhythmus und der restlichen Körperhaltung. Eine seitliche Oberkörperposition wirkt auf jeden Fall immer defensiver als eine frontale. Insbesondere bei ängstlichen Hunden sollten wir das beachten. Sie reagieren oft verunsichert, wenn sich ihnen jemand mit nach vorne geneigtem Oberkörper nähert. Das gilt auch für Welpen. Beim Anblick des niedlichen Hundenachwuchses geht es mit vielen einfach durch. Sie beugen sich begeistert nach vorne, um den Kleinen zu streicheln. Aus Sicht des Hundewelpen ist ein erwachsener Mensch, der sich stürmisch nach vorne beugt und mit den Armen rudert, ein beeindruckender Anblick, der durchaus verunsichern kann. Bei der einladenden Hilfe, auf die wir noch detailliert eingehen, erfolgt auch ein Vorbeugen des Oberkörpers. Das kombinieren wir aber mit anderen einladenden Gesten und nehmen diesem Zusammenspiel dadurch seine bedrohliche Wirkung.

Longieren

Unsere Schultern spielen auch beim Longieren des Hundes eine wichtige Rolle. Dabei sind Hund und Halter durch eine lange Leine miteinander verbunden und der Hund umrundet seinen Menschen kreisförmig in angemessenem Abstand. Das aus dem Umgang mit Pferden stammende Longieren ist eine ausgezeichnete Möglichkeit, die Signalwirkung der eigenen Körpersprache auf den Hund zu überprüfen. Die Position der Schultern gibt dabei die Laufrichtung vor und kontrolliert das Tempo. Anfangs erfolgt das Longieren mithilfe einer Schleppleine. Ziel ist das Longieren ohne künstliches Hilfsmittel – nur durch die Körpersprache. Sind beide Schultern parallel zum Körper des Hundes ausgerichtet, bestätigt das die aktuelle Laufrichtung und das Tempo. Eine zur Hinterhand eingedrehte Schulter beansprucht den Raum hinter dem Hund und sorgt so für eine Beschleunigung. Eine zur Brust des Hundes gedrehte Schulter beansprucht den Raum vor dem Hund und verlangsamt das Tempo.

Arme und Hände sind richtungsweisend und unterstreichen zahlreiche weitere körpersprachliche Signale.

Schultern: Mal sind sie geradeaus gerichtet, mal bewegen wir sie nach vorne oder zurück. Mithilfe der Schulter geben wir unserem Hund den Weg frei, blockieren ihn oder signalisieren, dass Tempo und Laufrichtung gerade völlig angemessen sind. Um Verspannungen vorzubeugen, lockern wir die Schultern regelmäßig durch bewusstes Hochziehen, halten diese Position einige Sekunden lang und senken die Schultern dann wieder entspannt ab.

Arme und Hände: Sie sind die Verlängerung unseres Körpers. Mit unseren Armen und Händen weisen wir Richtungen, geben Wege frei, versperren sie wieder und betonen die Signale des restlichen Körpers zusätzlich. Wichtig ist auch die Position der Handfläche. Zeigt sie zum Hund, ist ihre Ausstrahlung offensiv. Zeigt der Handrücken zum Hund, wirkt sie eher defensiv. Mit den Händen geben wir unter anderem auch Sichtzeichen, die unseren Hund ins „Platz" oder ins „Sitz" bewegen. Wichtig ist, die Sichtzeichen stets gleich auszuführen. Auch hier gilt: Nur eine präzise Körpersprache erzielt auch den erwünschten Effekt. Arme und Hände kommen auch beim Abstreichen des Hundes zum Einsatz. Das Abstreichen ist ein fester Bestandteil des BTCS, auf das später detailliert eingegangen wird (siehe Seite 66).

Üben, bewusst zu atmen

Atemübungen lassen sich am einfachsten in vier Phasen vollziehen:

Einatmen: *Wir atmen ganz langsam und tief durch die Nase ein. Die Länge des Einatmens kann variiert werden.*

Den Atem umschließen: *Die eingeatmete Luft verweilt für einige Sekunden in der Lunge.*

Ausatmen: *Nun atmen wir die Luft in einem gleichmäßigen Fluss durch den Mund wieder aus. Auch die Länge des Ausatmens lässt sich variieren.*

Luftleer: *Nun verlässt auch der letzte Rest Luft durch den Mund den Körper. Wir sind einen Augenblick lang atemleer.*

Diese vier Phasen sind die Grundlage für zahlreiche Atemübungen. Eine davon ist die natürliche Bauchatmung. Die beginnt mit der Überprüfung der eigenen Kleidung und unseren Schönheitsidealen. Ist unsere Kleidung zu eng und der Bauch stets möglichst eingezogen, verhindert das die natürliche Bauchatmung. Sind diese beiden Hindernisse beseitigt, legen wir eine Hand auf den Bauch und atmen tief durch die Nase ein. Nun spüren wir mit der Hand, wie sich der Bauch mit Luft füllt und anhebt. Dann wieder ruhig durch den Mund ausatmen, während die Hand das Senken der Bauchdecke spürt.

Eine weitere Atemübung ist mithilfe der Zunge durchführbar und das auch während des Spaziergangs mit dem Hund in der freien Natur. Wir formen die Zunge so, als ob wir ein „L" aussprechen wollten. Dabei stößt die Zungenspitze bei geschlossenem Mund vorne an die Zähne, während ihr hinterer Teil gegen den Gaumen drückt. Nun atmen wir tief durch die Nase ein und aus. Die Zungenübung beeinflusst direkt das Zwerchfell und lässt Stress schnell abklingen.

Schlägt starker Ärger auf das Gemüt, wirkt sich das meistens ungünstig auf das Training des Hundes aus. Gezieltes, stoßartiges Ausatmen hilft, Ärger abzubauen und wieder eine ausgeglichene Grundstimmung zu erlangen. Dazu legen wir eine Hand auf den Bauch, während die andere auf der Brust ruht. Nun ruhig durch die Nase einatmen und dabei bis fünf zählen. Dann fünfmal die Luft stoßweise durch den Mund ausatmen. Fließendes Ein- und Ausatmen lässt sich übrigens auch ganz gezielt trainieren, indem wir uns eine Kerzenflamme vorstellen, die wir abwechselnd an uns heran- und wieder von uns weg atmen.

Atmung: Ein ruhiger Atemrhythmus vermittelt Ausgeglichenheit und Entspannung. Ein unruhiger Rhythmus signalisiert hingegen Unruhe, Stress und körperliche Verausgabung. Unser Atemrhythmus überträgt sich auf den Hund, weshalb wir trainieren sollten, bewusst auf ihn zu achten. In der Regel atmen wir ganz automatisch. Doch Faktoren wie Stress, Angst oder Ärger wirken sich umgehend auf unsere Atmung aus. Und Hunde nehmen unseren Atemrhythmus ganz genau wahr. Deshalb gehört die Schulung des Bewusstseins für unseren Atem auch zum BTCS. Langsames, tiefes Ein- und Ausatmen in den Bauch ist nicht nur gesund, sondern auch ein Zeichen der Ruhe und Ausgeglichenheit. Das verschafft auch dem Hund Sicherheit und stärkt die souveräne und vertrauensvolle Ausstrahlung seines Menschen.

BEINE

Beine spielen in der Wahrnehmungswelt des Hundes eine große Rolle. Ein dominanter Artgenosse mit durchgedrückten, steifen Beinen signalisiert eine ganz andere Botschaft als ein harmonisch gestimmter Hund mit leicht gewinkelten, spielbereiten Beinen. Auch die Beine des Menschen haben für Hunde eine Signalwirkung. Wir sollten die unterschiedlichen Ausdrucksmöglichkeiten kennen, um sie bewusst zu steuern und gezielt für die Kommunikation mit dem Hund einzusetzen.

Stehen: Beim Stehen sind unsere Beine entweder durchgedrückt, was in Kombination mit einem gerade aufgerichteten Oberkörper und einem entschlossenen Gesichtsausdruck Entschlossenheit signalisiert. In den Kniekehlen leicht gebeugte Beine wirken – vor allem in Kombination mit einem weichen, entspannten Oberkörper und einem sanften Gesichtsausdruck – dagegen locker.

Laufen: Hunde beobachten genau, welches Tempo wir beim Laufen wählen. Sie differenzieren zwischen entspanntem Dahinschlendern, zügigem Gehen oder gar Rennen. Umso höher die Geschwindig-

Korrektes Stehen setzt sich aus Entschlossenheit und Entspanntheit zusammen.

Beim Rückwärtsgehen überprüfen wir die Bereitschaft des Hundes, uns zu folgen.

keit ausfällt, desto höher ist auch die Erregungslage des Hundes. Wollen wir einen nervösen Hund beruhigen, wählen wir folglich ganz bewusst ein entspanntes Tempo. Träge Vierbeiner motiviert man hingegen mithilfe schnellerer Bewegungen.

Rückwärts gehen: Ja, auch das Rückwärtsgehen spielt eine Rolle in der Kommunikation zwischen Menschen und Hunden. Dabei winkeln wir die Kniegelenke und neigen den Oberkörper nach vorne. Mit dieser Körperposition laden wir einen unsicheren Hund freundlich ein, sich vertrauensvoll anzunähern. Wir überprüfen damit seine Bereitschaft zu folgen oder entwickeln Tricks sowie Dog Dancing Choreografien daraus.

Richtungswechsel: Mit unseren Beinen leiten wir auch Richtungswechsel ein. Der Hund nimmt dabei oft zuerst die veränderte Fußposition wahr, weshalb wir auch unsere Füße ganz bewusst und gezielt setzen sollten.

English Setter-Rüde Nitis orientiert sich an Ramonas Laufgeschwindigkeit.

So kommunizieren Hunde untereinander

Hunde kommunizieren nonverbal untereinander.

Die Grundlagen der hündischen Kommunikation

Wer mit Hunden unmissverständlich kommunizieren will, tut gut daran, sich mit den natürlichen Verhaltensweisen unsere geliebten Vierbeiner zu beschäftigen. Sie machen uns vor, wie man sich Respekt verschafft, andere besänftigt und die eigenen Ziele durchsetzt.

Eines vorab: Jeder Hund ist ein Individuum. Das hängt unter anderem von der Rasse des Vierbeiners ab. Ein Terrier zeigt andere Verhaltensmuster als ein Windhund. Ein Jagdhund wie der Deutsch Drahthaar unterscheidet sich von einem Gesellschafts- und Begleithund wie dem Mops. Natürlich gibt es auch innerhalb der einzelnen Rassen unterschiedliche Persönlichkeitstypen. Das Geschlecht spielt ebenfalls eine Rolle. Ein Rüde agiert oft ganz anders als eine Hündin. Ein Junghund unterscheidet sich von einem erwachsenen Artgenossen. Es gibt Anführer, Mitläufer, selbstsichere und eher scheue Typen, Introvertierte, Extrovertierte – neben vielen anderen Varianten. In einem Mischling fließen genetische Anlagen verschiedener Rassen zusammen. Das ergibt ein Potpourri mit höchst individuellem Inhalt. Auch die Aufzuchtbedingungen und Erfahrungswerte aus dem Alltag wirken sich auf das Verhalten des Hundes aus.

Womit völlig klar ist: Hundepersönlichkeiten lassen sich nicht in ein festes Raster pressen. Doch es gibt durchaus gewisse Grundlagen, die sich meistens finden. Deshalb weist das BTCS letztendlich eine klare Struktur auf, die beim Vertrauensaufbau, der Etablierung von Respekt und der klaren Kommunikation hilft. Wir dürfen die Individualität des Hundes dabei aber nicht außer Acht lassen. Manche Hunde haben von Natur aus eine höhere Grundspannung als andere. Sie sind auch in einer freundlich gestimmten Gemütslage angespannter, was für sie völlig normal ist. Somit handelt es sich um eine neutrale Anspannung, nicht um eine negative, was der Fall wäre, wenn der Hund stressbedingt die Körperspannung erhöht. Allerdings kann unter Umständen auch eine neutrale Anspannung den Ausbildungsprozess behindern. Ist das der Fall, hilft das BTCS über die Erarbeitung einer ausgeglichenen Grundstimmung, die erforderliche Ausbildungsbasis zu schaffen. Ist dieses Ziel erreicht, lernt der Hund konzentrierter und damit nachhaltiger.

EINMAL FÜR IMMER? DAS GIBT ES NICHT.

Es gibt einen weiteren wichtigen Punkt, den sich jeder Hundehalter bewusst machen sollte. Es ist ein Irrglaube zu denken, dass man den Hund einmal gründlich ausbildet und er danach dann ein Leben lang wie fern gesteuert funktioniert. Die Erziehung und Ausbildung von Hunden sind lebenslange Prozesse, die der Hund auch immer wieder einmal infrage stellt. Das ist ganz und gar kein verwerfliches Verhalten. Es ist sogar ein ausgesprochen kluges Vorgehen. Hunde fragen immer wieder nach, um zu überprüfen, ob ihr Mensch tatsächlich nach wie vor für eine Respektsbeziehung taugt oder nicht. Aus Hundesicht ist es für das Überleben außerordentlich wichtig, dass der aktuelle Chef der Beziehung seine Führungsqualitäten auch nachhaltig unter Beweis stellt. Deshalb erfordert jeder einzelne Tag mit einem Hund eine genaue Beobachtungsgabe und Konsequenz.

Bemerkt der Vierbeiner bei seinem Menschen inkonsequentes Verhalten, stellt er dessen Position infrage – und das aus reinem Selbstschutz. Damit verhält sich der Hund dem Menschen gegenüber ebenso, wie er es auch innerhalb eines Hunderudels tun würde. Denn dort herrscht eine variable Struktur. Die Rollen der einzelnen Rudelmitglieder wechseln mitunter. Einige Hunde streben ständig eine dominantere Stellung an, anderen ist das viel zu mühselig – sie folgen lieber, weil das ja viele Vorteile mit sich bringt. Allerdings sind die Hunde, die ein dauerhaftes Bedürfnis des Aufstrebens verspüren, eher selten. Eine Tatsache, die von der Natur sehr sinnvoll eingerichtet ist. Wenn jeder alle anderen anführen möchte, funktioniert das in einem Hunderudel ebenso wenig wie innerhalb der menschlichen Gesellschaft.

DOMINANZ RICHTIG EINSCHÄTZEN

Zudem bedeutet dominantes Verhalten des Hundes nicht unbedingt, dass er seinen Menschen dauerhaft unterordnen möchte. Dominanz dient auch dazu, eine spezielle Situation zugunsten des Dominanten zu entscheiden. Das ist ein Unterschied im Vergleich zu dauerhafter Dominanzausübung. So dient dominantes Verhalten folglich mitunter auch vordergründig der Ausweitung der eigenen Komfortzone, was für Hunde ein ebenso attraktives Ziel ist wie für uns Menschen. Die Raumkontrolle und die Kontrolle der Bewegungen des anderen nehmen hierbei eine zentrale Stellung ein. Sie dienen dem Hund als Werkzeuge, um seine eigenen Interessen durchzusetzen und neue Komfortzonen zu erschließen. Unter Hunden gilt: Wer den anderen bewegt, ist der Chef!

Allerdings sind auch voreilige Rückschlüsse nicht angebracht. Selbst offensichtliches Meide- und Fluchtverhalten drücken bisweilen Dominanz aus. Meidet der Hund seinen Menschen oder weicht ihm aus, dann blockiert er den gewünschten Dialog. Er fühlt sich nicht nennenswert in seiner Harmonie gestört und setzt seine Interessen durch, indem er sich über den Kommunikationswunsch des Menschen einfach dreist hinwegsetzt. Genau diese Verhaltensweise interpretieren Hundehalter immer wieder fehl. Sie glauben, ihr Hund entziehe sich der Situation, weil er verunsichert sei oder sogar Angst verspüre.

Der Glaube, zu wissen, was der Hund gerade denkt und fühlt, ist oft irreführend. Denn es ist überaus schwierig, die wirklichen Gefühle und Gedanken eines Hundes zuverlässig einzuschätzen. Dabei schöpfen wir zudem in der Regel aus Erfahrungswerten, die wir im Umgang mit anderen Menschen gemacht haben. Wir übertragen diese Erfahrungen auf den Hund und vermenschlichen ihn dadurch unweigerlich. Hundeverhalten differiert bekanntermaßen aber in vielen Punkten von dem des Menschen. Wobei sich Hunde im Allgemeinen leichter lesen lassen als Menschen,

So gehe ich vor, wenn mein Hund unerwünschtes Verhalten zeigt

- Nicht bewerten, sondern beobachten.
- Das Gesamtbild betrachten.
- Überprüfung der vier Aspekte: Ansprechbarkeit, Störbarkeit, Lobbarkeit, Abgrenzbarkeit
- Lücken durch gezielte Erarbeitung schließen (zum Beispiel Respekt durch die Erarbeitung der Abgrenzbarkeit verschaffen oder Vertrauen durch die Erarbeitung von Lobbarkeit stärken).

die ein viel ausgeprägteres, manipulatives Verhalten als Hunde an den Tag legen können. Außerdem verfügen Menschen über die Fähigkeit des Sprechens und setzen ihre Sprache ein, um Dialoge zu führen. Zweibeiner schöpfen auch aus der Vergangenheit und denken vorausschauend. Für Hunde zählt hingegen vor allem das Hier und Jetzt. Sie agieren überwiegend situationsbezogen. In der Vergangenheit gemachte Erfahrungen schlagen sich bei ihnen in bewährten Verhaltensmustern nieder.

Im Rahmen des BTCS taucht bei Hundehaltern mitunter die Frage auf, ob der konsequente Umgang mit dem Vierbeiner und Ausbildungswerkzeuge wie die Raumkontrolle nicht zu einem Sympathieverlust führen. „Hat mich mein Hund dann vielleicht nicht mehr lieb?" oder „Entwickelt mein Hund jetzt Angst vor mir?". Alles nachvollziehbare Fragen, auf die es jedoch nur eine Antwort gibt: „Nein." – Unsere Erfahrung ist: Keine gesunde Beziehung funktioniert ohne entsprechenden Respekt. Weder unter Menschen noch zwischen Menschen und Hunden. Zuneigung, Liebe und Vertrauen gehen Hand in Hand mit Respekt. Was unter uns Menschen ein komplexer Ablauf ist, verhält sich unter Hunden recht einfach geregelt: Wenn ein Hund die Bewegungen eines anderen kontrolliert, verschafft er sich dadurch Respekt. Das Bedrängen kommt als nächste Stufe dazu. Wenn wir solche Verhaltensweisen bei unserem Hund beobachten und er sie uns gegenüber einsetzt, dann ist es höchste Zeit zu reagieren. Und zwar nicht in Form einer Bewertung des Hundeverhaltens, sondern in Form einer genauen Beobachtung seines Agierens und einer entsprechenden Fragestellung: Wie oft setzt unser Hund Raumkontrolle gegen uns ein und in welchen Situationen? Welche Ursachen sind die Auslöser für dieses dominante Verhalten? Wie steht es um die Ansprechbarkeit, die Störbarkeit, die Lobbarkeit und die Abgrenzbarkeit des Hundes? Funktioniert einer dieser vier grundlegenden Aspekte nicht, erarbeiten wir ihn mithilfe des BTCS.

ENTSPANNUNG UND ANSPANNUNG

Hunde kommunizieren nonverbal. Teilweise setzen sie Laute ein, überwiegend nutzen sie jedoch ihren Körper, um sich Artgenossen mitzuteilen. Dabei unterscheiden sie zwischen Anspannung und Entspannung: Strahlt das Gegenüber Entspannung aus, versteht das ein Hund als einladendes Signal. Da ist jemand bereit, Nähe zuzulassen. Vielleicht handelt es sich auch um eine aktive Aufforderung, näher zu kommen. Bei einer angespannten Körperhaltung liegt meistens ein anderes Signal zugrunde. Mit einer Ausnahme: Beim Spiel zeigen Hunde durchaus auch Anspannung. Dabei ist dann aber gleichzeitig eine insgesamt freundliche und spielerische Körperhaltung zu beobachten.

Generell gehen freundliche Gesten des Hundes aber meistens mit einer geringen Körperspannung und somit auch einer entspannten Grundhaltung einher. Eine an-

Im Gegensatz zu den meisten freundlichen Gesten zeigen Hunde beim Spiel durchaus auch Anspannung.

gespannte Körperhaltung ist – in Kombination mit weiteren unfreundlichen Gesten – jedoch in der Regel eine Aufforderung zur Distanzwahrung.

Diese körpersprachlichen Signale lassen sich auch bei Wölfen und Straßenhunderudeln beobachten. Über die Kontrolle der Bewegung der anderen ergibt sich die individuelle Position innerhalb der Rudelstruktur. Auch Hunde leben mit ihren Menschen in einer sozialen Struktur. Für sie ist es überlebenswichtig, die eigene Position herauszufinden und sich entsprechend zu verhalten. Innerhalb eines Rudels gibt es verschiedene Positionen, die mit unterschiedlichen Privilegien, Rechten und Aufgaben verbunden sind. Eine dieser Positionen ist das Führen. Die Position des Führers bringt besonders zahlreiche Aufgaben, Rechte und Pflichten mit sich. Unter anderem sind das die Fortpflanzung, Anspruch auf Nahrung und Liegeplätze, aber auch andere wichtige Aufgaben wie die Gewährleistung der Sicherheit der Rudelmitglieder, der Schutz älterer und schwächerer Rudelmitglieder und der Erhalt der Harmonie innerhalb des Rudels. Somit ist die Position des Rudelführers mit vielen Privilegien besetzt, aber auch unweigerlich mit einer großen Verantwortung.

Eine weitere mögliche Positionierung ist die des folgenden Rudelmitglieds. Sie bringt im Vergleich zum Rudelführer weitaus weniger Verantwortung mit sich.

Dennoch gibt es eine Aufgabe, die den Folgenden innerhalb des Rudels zusteht: den Rudelführer immer wieder aufs Neue infrage zu stellen. Dahinter verbirgt sich ein überlebenswichtiger Aspekt: Denn nur, wenn der Rudelführer auch wirklich ein guter Anführer ist, trifft er die richtigen Entscheidungen. Letztendlich sind ja alle Rudelmitglieder von dieser Entscheidungsfähigkeit abhängig. Die vom Rudelführer aufgestellten Regeln gilt es dennoch zu beachten.

Bei den Wölfen verhält es sich nicht anders als bei den Hunden: Wer die Bewegung des anderen kontrolliert, ist der dominante Part. Dabei gibt es zwei Möglichkeiten, diese Dominanz auszuleben: die passive und die aktive Unterordnung. Die innerartliche Struktur im Rudel hängt sehr vom einzelnen Individuum ab. Dominante Rollen wechseln sich situationsbedingt durchaus auch ab.

In Phase 1 wird bei der passiven Unterordnung noch nicht mit direktem Körperkontakt gearbeitet.

In den Phasen 1 und 2 tritt durchaus zeitweilig das Durchspielen des Drohverhaltens auf, bevor ein massiverer Versuch, Unterordnung einzufordern, erfolgt.

Phase 2: Nun erfolgt das Auflegen des Kopfes oder der Pfote auf den Rücken des anderen Hundes, um eine passive Unterordnung auszulösen.

Phase 3: Die körperlichen Signale in Phase 2 brachten nicht den erwünschten Erfolg? Dann erfolgt das Einfordern der passiven Unterordnung nun mit ausgeprägtem Drohverhalten und Einsatz des ganzen Körpers. Die Zielsetzung ist dabei klar: Der andere Hund soll nachgeben.

Der überlegene Hund übt solange Druck aus, bis der devote Artgenosse nachgibt und regungslos verharrt.

Wie lange der devote Hund seine Bereitschaft zur passiven Unterordnung signalisieren muss, entscheidet der dominante Hund.

PASSIVE UNTERORDNUNG

Schränkt ein dominanter Sozialpartner die Bewegung eines anderen komplett ein, handelt es sich um eine passive Unterordnungsbereitschaft. Der devote Hund darf sich nicht mehr bewegen. In solchen Situationen legt sich der devote Sozialpartner häufig auf den Rücken. Darüber hinaus gibt es weitere typische Körpermerkmale: Die Ohren des devoten Hundes liegen flach am Kopf an. Seine Rute ist oft eingeklemmt. Sein Blick weicht dem des dominanten Parts aus. Die Maulwinkel laufen

Die vier Phasen der passiven Unterordnung

- Der Körper des Hundes ist angespannt. Er fixiert sein Gegenüber mit starrem Blick.
- Der Hund knurrt vielleicht (nicht immer) und legt seinen Kopf oder eine Pfote auf den Rücken des anderen. Auch Bedrängen kommt in dieser Phase vor.
- Der Hund versucht, sein Gegenüber zu umklammern und ihn zu Boden zu drücken. Oft sind jetzt auch Knurren und Zähnefletschen zu beobachten.
- Nun erfolgt die Beißattacke. Der dominante Hund startet einen körperlichen Übergriff und verfolgt dabei ganz klar die Absicht, seinem Kontrahenten Schaden zuzufügen. Dabei verläuft die Intensität der Beißattacke wiederum in vier Phasen: vom Ausrupfen des Fells bis hin zu schweren Verletzungen. Bis zu welcher Phase der dominante Hund geht, hängt davon ab, wann der andere Hund nachgibt. Im Hunderudel erfolgt eine sofortige Auflösung des Drucks, sobald der unter Druck gesetzte Sozialpartner das erwünschte Verhalten zeigt. Dann kehrt auch umgehend wieder Harmonie ein. Für Hunde sind Druckaufbau und Druckabbau ganz natürliche und unmissverständliche Verhaltensweisen (dazu mehr auf Seite 92).

Das Drohen durch direkten Blickkontakt ist das erste körpersprachliche Signal innerhalb der ersten Phase der aktiven Unterordnung.

spitz zu. Der devote Hund verharrt in dieser Position, bis der dominante Sozialpartner wieder Bewegung zulässt. Auch beim dominanten Hund sind charakteristische Körpersignale zu beobachten: Gespitzte Ohren, runde Maulwinkel, ein starrer Blickkontakt, eine insgesamt hohe Körperanspannung und eine hoch erhobene Rute sind typisch.

Jede Form der Bewegungskontrolle unter Hunden geht mit Druck einher. Dieser baut sich stufenweise auf und lässt sich in vier Phasen unterteilen.

Die vier Phasen der aktiven Unterordnung

- Aufbau von Körperspannung, direkter Blickkontakt (die Ohren sind nach vorne gerichtet, die Rute ist erhoben oder dient als optische Verlängerung des Rückens, der Hund wirkt steif, sein Blick ist starr).
- Knurren, manchmal Zähnefletschen.
- Scheinangriff: Der Hund schnellt nach vorne, bellt, schnappt in die Luft.
- Bisse ins Fell, die Intensität steigert sich von kleinen Schrammen über tiefere Wunden bis hin zu massiven Verletzungen.

Übergang zu Phase 2: Das Drohen durch Blickkontakt wird nun durch ein akustisches Signal - zum Beispiel einem Knurren - bis hin zum Scheinangriff gesteigert.

Phase 3: Jetzt kommt es zu einer regelrechten Verfolgungsjagd. Dabei geht es um möglichst viel Raumkontrolle. Der dominante Hund signalisiert dem devoten Part, dass nur eine Flucht die ansonsten in Phase 4 folgende Beißattacke abwenden kann.

Der in den Phasen 2 und 3 der aktiven Unterordnung erfolgende Druckaufbau zielt auf eine deutliche Signalisierung der aktiven Unterordnungsbereitschaft des devoten Hundes ab. Hält sich der devote Hund daran, entgeht er dem Übergang zu Phase 4 (Beißattacke).

AKTIVE UNTERORDNUNG

Versetzt ein dominanter Hund einen devoten Artgenossen gezielt in Bewegung und kontrolliert ihn in seiner Bewegungsrichtung und hinsichtlich des Tempos sowie seiner Körperhaltung, dann handelt es sich um eine aktive Unterordnungsbereitschaft.

Auch hier gibt es vier Phasen, wobei die Körperhaltung des dominanten Parts in den ersten beiden Phasen der Körpersprache bei der passiven Unterordnung gleicht. Allerdings kommt es bei der aktiven Unterordnung in Phase zwei auf jeden Fall zu einem akustischen Signal wie beispielsweise Knurren, was bei der passiven Unterordnung vorkommt, aber eben nicht immer auftritt. Auch das Fletschen der Zähne ist in Phase zwei der aktiven Unterordnung zu beobachten. Die dritte Phase geht mit einem Scheinangriff einher. Mit dieser Attacke beeindruckt der dominante Sozialpartner sein devotes Gegenüber. Dabei reicht die Bandbreite der Ausdrucksmöglichkeiten von einem kleinen Vorwärtssatz bis hin zur stürmischen Verfolgungsjagd. Im Unterschied zur passiven Unterordnung kommt es bei der aktiven Unterordnung

Der schlaue Theo

Bei der aktiven Unterordnung kommt es also erst in der vierten Druckphase zu direktem Körperkontakt und nicht bereits in der dritten Phase, wie das im Fall der passiven Unterordnung geschieht.

In der dritten Phase attackiert der dominante Hund den devoten Vierbeiner, ohne jedoch einen körperlichen Übergriff zu starten. Die letzte Stufe besteht darin, den devoten Hund in die Flucht zu schlagen. Gelingt dies nicht, erfolgt mit dem Übergang zu Phase 4 ein körperlicher Übergriff, um das Fluchtverhalten des Artgenossen auszulösen.

Nun wendet sich Emil komplett ab und ergreift die Flucht. Damit signalisiert der Mischling eine noch stärkere Unterordnungsbereitschaft.

Hier verlangt der Australian Shepherd eine aktive Unterordnung des anderen Hundes und setzt dabei seinen gesamten Körper als drohendes Signal ein.

erst in der letzten Phase zu körperlichen Übergriffen. Im Gegensatz zum Auftreten von Körperlichkeit in Phase zwei der passiven Unterordnung.

Die aktive Form der Unterordnung beobachten wir vor allem bei Hunden, die sich kurz und schnell etwas Respekt verschaffen wollen. Dadurch bekundet der dominante Hund sein Bedürfnis nach mehr Distanz. Er signalisiert seinen Raumanspruch ebenfalls durch Drohen und wieder lassen sich dabei die vier folgenden Phasen unterscheiden.

Erzielt der Druckaufbau der aktiven Unterordnung die gewünschte Reaktion, dann wendet der devote Part den Blick ab, legt seine Ohren flach an den Kopf, senkt die Rute unter die Waagerechte ab und flüchtet solange, bis der dominante Hund die Druckausübung einstellt. Das geschieht normalerweise in dem Moment, in dem der devote Part alle drei Kriterien der aktiven Unterordnung zeigt. Dieses Verhaltens-

Die vier Phasen, mit denen ein Hund Druck ausübt

- Aufbau von Körperspannung
- Pfote oder Kopf auf den Rücken des anderen legen
- Umklammern mit den Vorderbeinen, Zähne zeigen, zu Boden ringen
- Ringen in Kombination mit Beißen, bis der andere regungslos auf der Seite oder auf dem Rücken liegt

Hier sieht man das Treiben unter Hunden, das auf der Basis einer objektbezogenen Rangordnung entsteht. Der Australian Shepherd beansprucht einen Stock für sich und fordert von dem anderen Hund Respekt ein, indem er diesen auf Distanz bringt.

muster unterliegt klaren Regeln, die innerhalb des Rudels durch Druckaufbau Disharmonie erzeugen. Da innerhalb eines Rudels Harmonie stets höchste Priorität hat, sind alle Sozialpartner bemüht, Disharmonien möglichst zügig aus der Welt zu schaffen.

Unterbindet der dominante Part die Bewegungsmöglichkeit seines Gegenübers, dann handelt es sich also um eine aktive Unterordnung. Dabei setzt der Dominante drohende Körpersignale ein. Er fletscht beispielsweise seine Zähne, um seine Bereitschaft zu zeigen, das Durchsetzen der Unterordnung auch mit vollem Körpereinsatz zu erzwingen. Dabei nutzt er verschiedene Stärken der Druckausübung, die sich in vier Phasen unterteilen lassen.

Ziel der aktiven Unterordnung ist es, den devoten Part auf Distanz zu bringen. Er soll zudem mittels seiner Körpersprache eine devote Haltung signalisieren und sich damit unterwerfen. Eine unter die Kruppe abgesenkte Rute gehört zu den entsprechenden Unterwürfigkeitssignalen wie auch das Abwenden des Blicks und nach

Die Ausprägung des Dominanzverhaltens variiert bei Hunden, abhängig vom jeweiligen Typ.

hinten gerichtete Ohren. Die Bewegungsrichtung bestimmt der dominante Part. In der Regel fordert er ein Wegweichen des unterwürfigen Hundes und das relativ schnell. Lässt sich der devote Part zu viel Zeit, motiviert diese Respektlosigkeit den dominanten Hund zu härteren Maßnahmen.

Die Kontrolle von Distanz und Nähe ist sowohl bei Hunden als auch bei Wölfen ein wichtiges Mittel, um soziale Strukturen zu etablieren und Bindungen zu festigen. Harmonie geht immer mit Entspannung einher. Das gilt sowohl für das Hunderudel als auch für andere soziale Gemeinschaften wie die von Menschen und Hunden. Herrscht ein Gleichgewicht zwischen Respekt und Vertrauen, empfinden alle Mitglieder der Gemeinschaft Harmonie. Dabei genießt jeder Einzelne seine maximale Freiheit, ohne die Freiheit der anderen einzuschränken. Die Verständigung untereinander erfolgt nach klaren Regeln.

Es ist das erklärte Ziel der Ausbildung nach dem BTCS, diese Harmonie zwischen Hund und Halter herzustellen und dauerhaft zu festigen. Dieses Ziel erreichen wir mithilfe der Körpersprache. Dabei stehen unter anderem einladende und treibende Hilfen im Fokus, auf die wir noch detailliert eingehen (siehe Seite 64-67).

Das Body Talk Communi-cation System® (BTCS)

Das Ausbildungskonzept

Die Körpersprache ist die Basis des BTCS-Ausbildungskonzepts. Sie ermöglicht einen unmissverständlichen Dialog mit dem Hund.

ETHIK UND MORAL

Ethik und Moral sind zwei Begriffe, die auch innerhalb der Hundeerziehung Bedeutung genießen – zumindest sollten sie es. Allerdings setzt man sie oft miteinander gleich, was nicht ganz richtig ist. Bevor wir klären, welche Rolle Ethik und Moral innerhalb des BTCS spielen, erläutern wir beide Begriffe kurz.

Das griechische Wort „ethos" bedeutet Ethik und Moral leitet sich vom lateinischen Wort „mos" ab. Zwischen den Begriffen besteht ein feiner Unterschied, der über die griechische und lateinische Vergangenheit hinausgeht: „Ethos" bedeutet Charakter oder Sinnesart. „Mos" steht für den Begriff Sitte. Zudem beschäftigt sich Ethik mit der Theorie der Moral, indem sie über Moral philosophiert und sie auf der Basis von Begründungen und Prinzipien systematisiert. Zur Veranschaulichung: Es gibt verschiedene Moralen, aber nur eine einzige Ethik. So wie es viele verschiedene Hunderassen, aber nur eine Kynologie gibt – die Wissenschaft, die sich eben mit Hunden befasst. Während Ethik wissenschaftlich ist, verschreibt sich die Moral der praktischen Handlung.

Auf das BTCS übertragen nimmt die Ethik einen den praktischen Ausführungen innerhalb der Hundeerziehung übergeordneten Stellenwert ein. Was bedeutet ein Hund für mich als Mensch überhaupt? Welchen Stellenwert nimmt er innerhalb meines Lebens ein? Hat ein Hund Rechte und – falls ja – welche? Solche und viele weitere grundsätzliche Fragen sollte sich jeder Hundehalter stellen, bevor es an die – moralisch vertretbare – Ausbildung seines Vierbeiners geht. Moralisch vertretbar bedeutet: Die jeweilige Handlung wird allgemein als angemessen angesehen. Die meisten Hundehalter sehen ihren Hund als Familienmitglied, wollen ihn lieben und auch geliebt werden. Dabei gibt es allerdings einen feinen Unterschied zwischen der menschlichen Ausgangssituation und der des Hundes: Wir entscheiden uns in der Regel ganz bewusst dazu, einen Vierbeiner aufzunehmen. Der Hund trifft diese Entscheidung nicht. Er muss sich mit unserer Entscheidung arrangieren. Überspitzt gesagt zwingen wir den Hund, zukünftig bei uns zu wohnen. Streng genommen berauben wir ihn seiner Freiheit und sobald wir Halsband und Leine anlegen, üben wir weiteren Zwang aus.

Der Hund: Der beste Freund des Menschen und quasi ein Familienmitglied.

Sind wir dazu bereit, diese Verantwortung zu übernehmen? Das sollten wir, denn es gibt für uns keine vertretbare Alternative. Die wäre, dem Hund sämtliche Freiheiten zu gewähren und uns seinen Interessen anzupassen. Dabei würde der Hund gezwungenermaßen die Führung übernehmen. Das geht wiederum mit einem Sicherheitsrisiko einher, wenn er dann einfach über befahrene Straßen läuft, sich mit anderen Hunden anlegt oder das Rehkitz im Wald erlegt. Letztendlich endet unsere persönliche Freiheit schließlich auch da, wo sie andere einschränkt oder gefährdet. Um Zwischenfällen vorzubeugen, bei denen wir mit gesellschaftlichen Regeln in Konflikt geraten, bleibt uns dann nur eine Lösung: Wir leinen unseren vierbeinigen Freigeist an und können ihn nirgendwo frei laufen lassen, weil er überhaupt nicht auf uns hört. Ist das Tierliebe?

Wem das als eine denkbar ungünstige Lösung erscheint, der sollte dazu bereit sein, sich der Wahrheit zu stellen: Wir müssen gewisse Regeln geltend machen, damit unser Leben mit Hund harmonisch verläuft. Das bedeutet unter Umständen auch, öfter einmal Kritik am Hund zu üben und einen Zustand der Disharmonie zu schaffen. Denn nur wenn der Vierbeiner den Zustand der Disharmonie kennt, wächst in ihm auch die Bereitschaft zum Dialog mit seinem Menschen, der das Bedürfnis nach sozialer Harmonie spiegelt. Diese Motivationsebene ist jedem Hund angeboren, weil die Herstellung sozialer Harmonie bei Hunden untereinander fest zum Zusammenleben gehört.

Ganz persönlich

Ramona Teschner vertraut auf ganz persönliche Erfahrungen.

An dieser Stelle noch ein persönliches Wort zu Ethik und Moral: Ich lebe seit Jahren mit Hunden, Katzen und Pferden zusammen. Schon im Kindesalter lernte ich unterschiedliche Ansätze zur Umsetzung der Haltung, Erziehung und Ausbildung von Hunden kennen. Heute glaube ich, dass es inzwischen fast ebenso viele unterschiedliche Ansätze zur Hundeausbildung gibt wie Rassen. Ich fokussiere mich mit dem BTCS auf meine Erfahrungen und möchte dieses Wissen an Hundehalter weitergeben, die ein Interesse daran haben, ihren Hund fair und für ihn verständlich auszubilden.

Mich erfreut der bewusstere Umgang mit Hunden, der dazu führt, dass heutzutage weniger Vierbeiner einsam in Zwingern dahinvegetieren. Wobei ich die Zwingerhaltung nicht generell ablehne, sondern nur die ausschließliche Zwingerhaltung. Ein Hund, der sich vorübergehend in einem Zwinger aufhält, ansonsten aber Familienanschluss, Auslauf und eine Aufgabe hat, lebt oft komfortabler als ein Wohnungshund in der Stadt, dem es an Auslauf und an Kontakt zu Artgenossen mangelt. Für mich endet Tierliebe auch da, wo Hunde als Blitzableiter für Emotionen herhalten, aus missverstandener Liebe zu Tode gefüttert werden oder aufgrund von Vermenschlichung sämtliche natürliche Bedürfnisse über Bord geworfen werden.

In meiner täglichen Arbeit treffe ich auch auf Hunde aus dem Tierschutz. Oft sind das erfreuliche Begegnungen, manchmal treten aber auch Umstände zutage, die mir Kopfschmerzen bereiten. Wenn Hunde aus ihrem angestammten Lebensraum genommen werden, wo sie bislang zum Teil in durchaus funktionierenden Rudeln lebten und dann in unsere durchorganisierte Gesellschaft geworfen werden, können die Hunde regelrecht traumatisiert werden. Das sollte allen Beteiligten bewusst sein.

Für mich enden Ethik und Moral auch da, wo Menschen ihren unerzogenen Hunden Freilauf gewähren, der dann mit dem Reißen eines Rehs oder anderen Dramen endet. Zum einen ist das rücksichtslos gegenüber unserer Umwelt, zum anderen bringt man damit ja auch den eigenen Hund in Gefahr, wenn er beispielsweise vor ein Auto läuft. Der Wunsch, einem Hund Freilauf zu gewähren, erfordert auch die Bereitschaft, ihn entsprechend auszubilden.

Der konstruktive Umgang mit Druck ist somit ein fester Bestandteil der Erziehung nach dem BTCS. Die Frage ist, wie wir diesen Druck ausüben und in welchem Maß. Als erstes müssen wir den Unterschied zwischen Druck und Zwang verstehen. Beim Ausüben von Druck geht es darum, dem Hund das gezielte Nachgeben auf Druck zu vermitteln. Diese Erfahrung ist eine wichtige Grundlage des BTCS. Zuverlässigkeit erzielt man nicht ohne Druckausübung. Und diese Zuverlässigkeit ist unablässig, wenn wir nicht riskieren wollen, mit den anderen Mitgliedern unserer Gesellschaft in Konflikt zu geraten oder das Leben unseres Vierbeiners zu gefährden. Wir können Hunden keine eigene uneingeschränkte Entscheidungsfähigkeit zugestehen. Das würde beim Hund Vernunft voraussetzen und bedeuten, dass Hunde gezielt vorausschauend denken und neue Situationen eigenständig und eigenverantwortlich einschätzen.

Auch wenn es Hunde gibt, die aufgrund gemachter Erfahrungen durchaus lernen, bestimmte Situationen vorausschauender einzuschätzen und Diensthunde mitunter geradezu verblüffende Leistungen vollbringen, so ist von den meisten Familienhunden keine rationale Entscheidung zu erwarten, wenn sie auf der anderen Straßenseite ein Bratwurst-Brötchen auf dem Bürgersteig erspähen. In der Regel überqueren sie die Straße dann, ohne gefährliche Konsequenzen in Erwägung zu ziehen.

DIE BEDÜRFNISSE DES HUNDES

Lassen Sie uns einen kleinen Umweg einschlagen, um die Bedürfnisse des Hundes besser zu verstehen. Kennen Sie die „Bedürfnispyramide“, die der US-amerikanische Psychologe Abraham Harold Maslow (1908–1970) entwickelte? Es handelt sich um ein Entwicklungsmodell, das die Hierarchie menschlicher Bedürfnisse spiegelt. Die Basis bilden hierbei Grund- und Existenzbedürfnisse, gefolgt vom Sicherheitsbedürfnis über das Sozialbedürfnis und das Bedürfnis nach Anerkennung/Wertschätzung bis hin zur Selbstverwirklichung. Übertragen wir diese Pyramide auf die Bedürfnisse des Hundes, kommen wir zu folgendem Ergebnis:

Die Aufnahme von ausreichend Flüssigkeit und Nahrung bildet – neben Ruhen und Schlafen, Urin- und Kotabsatz sowie dem Erhalt der Gesundheit – die Basis der

Das ist für unseren Hund am Wichtigsten:

- Körperliche Grundbedürfnisse
- Sicherheit
- Soziale Bedürfnisse
- Wertschätzung
- Individualität

Unterschiedliche Hunderassen haben auch verschiedene Bedürfnisse.

Bedürfnispyramide der Hunde. All das sind die körperlichen Grundbedürfnisse des Hundes. Die nächste für das Überleben wichtige Stufe ist die Sicherheit. Das beinhaltet für den Hund unter anderem den Erhalt körperlicher und geistiger Unversehrtheit, einen strukturieren Tages- und Nachtablauf, Rituale, Routine und Regeln. Zur nächsten Stufe, den sozialen Bedürfnissen, zählen Sozialkontakte zu Menschen und Tieren, die sowohl Kommunikation als auch körperliche Zuwendung beinhalten. Die vorletzte Stufe der Bedürfnispyramide des Hundes ist die Wertschätzung, denn auch Hunden ist es wichtig, Anerkennung zu erzielen. Dazu gehören Liebe, Erfolg, Respekt, Lob und Fairness. Die oberste Stufe ist die Individualität, die eigenständige Entscheidungen des Hundes und die Weiterentwicklung von Fähigkeiten umfasst.

DER EINSATZ DER KÖRPERSPRACHE

Neben der Berücksichtigung der Bedürfnisse des Hundes bildet der gezielte Einsatz der Körpersprache die Basis des Body Talk Communication Systems® (BTCS). Dabei steht eine klare Kommunikation im Fokus, die eine mit Triebmitteln gesteuerte Konditionierung – zum Beispiel mit Leckerchen oder Spielzeugen – überflüssig

Klassische Konditionierung und operante Konditionierung

Dem russischen Physiologen Iwan Petrowitsch Pawlow verdanken wir das heutige Wissen über die Zusammenhänge der **klassischen Konditionierung**. Die behavioristische Lerntheorie beinhaltet, dass einer natürlichen, unbedingten Reaktion durch Lernen eine neue, bedingte Reaktion hinzugefügt werden kann. Nachdem bei seiner Fütterung wiederholt der Ton einer Glocke erklang, setzte der vermehrte Speichelfluss des Hundes bald auch schon beim bloßen Erklingen der Glocke ein, obwohl sich noch gar kein Futter im Raum befand – eine durch die reine Erwartungshaltung ausgelöste Reaktion.

Konditionierung erfolgt auch, wenn das Training des Hundes mithilfe von Leckerchen erfolgt. Der Hund zeigt ein bestimmtes Verhalten, weil er gelernt hat, dass es dafür anschließend einen Leckerbissen gibt. Wenn das jedoch die einzige Motivation des Hundes ist, dann erfolgt sein Verhalten nicht auf der Grundlage eines höflichen Angebots zur Mitarbeit und halterbezogenen Kooperationsbereitschaft. Auch bleiben Vertrauen und Respekt oft komplett außen vor, wenn der Hund nur mit Bestechung funktioniert. Ohne diese wichtigen Grundlagen bricht der Einfluss des Menschen auf den Hund mit hoher Wahrscheinlichkeit ab, sobald der Vierbeiner etwas anderes als interessanter erachtet oder gerade mal keinen Appetit verspürt. Dieses Risiko verebbt, wenn man seinen Hund nach dem BTCS trainiert. Denn dann zerreißt das kommunikative Band zwischen Hund und Halter auch nicht in anspruchsvollen Situationen.

Das sogenannte **Clickertraining** ist unter Hundehaltern beliebt und ein typisches Beispiel für die klassische Konditionierung sowie ihre Verbindung zur operanten Konditionierung. Das Klicken des Clickers erfolgt, sobald der Hund erwünschtes Verhalten zeigt. Dem Klick folgt unmittelbar ein Leckerchen, was dazu führt, dass der Hund den Klick mit der kulinarischen Belohnung verknüpft. Der bislang neutrale Reiz verwandelt sich dadurch in einen bedingten Reiz. Wobei die klassische Konditionierung lediglich der Vorbereitung dient. Denn nur die Verknüpfung „Klick löst Speicheln aus!“ unterliegt diesem Bereich. Der nächste Schritt des Clickertrainings geht bereits in die operante Konditionierung über.

Bei der **operanten Konditionierung** zählt das Lernen am Erfolg. Die Wahrscheinlichkeit des Auftretens eines spontanen Verhaltens wird durch Konsequenzen, also bestärkende oder strafende Reize intensiviert. Operant steht für nicht reizgebunden, sondern spontan auftretend. Das lernende Individuum verhält sich seiner Umwelt gegenüber aktiv. Im Gegensatz dazu hat das Individuum bei der klassischen Konditionierung keine Kontrolle über den Reiz oder die gezeigte Reaktion. Das Verstärken einer erwünschten Verhaltensweise durch ein Leckerchen, nachdem das akustische Klick-Signal erfolgt ist, fällt somit unter die operante Konditionierung. Das BTCS bedient sich auch der operanten Konditionierung. Dabei erfolgt eine Bestärkung erwünschten Verhaltens, allerdings in Form einer ganz bestimmten Belohnung: der Befriedigung des Wunsches nach einer stabilen, sozialen Beziehung, die auf Vertrauen und Respekt basiert. Dieses Bedürfnis verstärkt das Training nach dem BTCS im Hund. Es bedarf der Übertragung des innerartlichen Verhaltens auf die Beziehung zwischen Hund und Mensch. Das Lob des Halters ist die Belohnung für den Hund.

Ein gezielter Einsatz der Körpersprache ist die Basis des BTCS.

macht. Die Beziehung zwischen Menschen und Hunden steht im Vordergrund. Um diese zu festigen und in die gewünschten Bahnen zu lenken, reicht eine körpersprachliche Kommunikation aus.

Oberste Zielsetzung ist eine harmonische und verbindliche Beziehung zwischen dem Vierbeiner und seinem Halter. Dabei setzt das BTCS durchaus auch auf eine positive Verstärkung erwünschter Verhaltensweisen, wie man es auch von der klassischen und operanten Konditionierung (siehe Seite 53) her kennt. Der Unterschied liegt darin, dass weder Leckerchen noch Spielzeuge zum Einsatz kommen, sondern die positive Verstärkung über ein aufrichtiges Lob erfolgt. Auch beim Umgang mit unerwünschtem Verhalten gibt es einen Unterschied zu vielen anderen Erziehungsmethoden: Beim BTCS kritisieren wir gezielt in einer für den Hund verständlichen Art und Weise. Ein Vorgehen, das er aus der innerartlichen Kommunikation kennt. Das ist etwas anderes als das Verhalten des Hundes zu ignorieren, umzulenken oder gezielt abzulenken. Es ist wichtig, die Ursache für das unerwünschte Verhalten zu suchen und nicht einfach die Symptome isoliert zu betrachten und dann durch Ablenkung umzuleiten.

Der schlaue Theo

- Wir verstärken erwünschtes Verhalten positiv durch ein aufrichtiges Lob.
- Wir kritisieren unerwünschtes Verhalten durch körpersprachliche Signale (Distanz/Abgrenzbarkeit).

VIER ASPEKTE

Jedes Hund-Halter-Paar ist individuell. Obwohl das BTCS prinzipiell jedem Team bei der Erziehung hilft, erfolgt zu Beginn des Trainings stets eine genaue Analyse. Dies gewährleistet eine optimale Anpassung des BTCS an die jeweiligen Voraussetzungen von Hund und Mensch. Dabei stehen vier Aspekte im Fokus:

- **Ansprechbarkeit** des Hundes
- **Störbarkeit** des Hundes
- **Lobbarkeit** des Hundes
- **Abgrenzbarkeit** des Hundes

Bei der Überprüfung der **Ansprechbarkeit** geht es darum, zu überprüfen, mit wieviel Aufwand, wie intensiv und wie lange der Mensch die Aufmerksamkeit des Hundes mitsamt Kommunikationsbereitschaft auf sich ziehen und abfragen kann. Erwünscht ist eine freundliche, direkte Blickaufnahme des Hundes. Seine Körpersprache sollte Freude und die Bereitschaft zur Mitarbeit ausdrücken. Auch das Aufsuchen des Halters auf dem kürzesten Weg und ein kommunikativer, aber nicht bedrängender Körperkontakt, der vom Hund selbst ausgeht, sind wünschenswert.

Bei der **Störbarkeit** des Hundes überprüft der Hundehalter, wieviel Aufwand es erfordert, den Hund von seinem aktuellen Vorhaben abzubringen – ihn zu unterbrechen. Das Stören ist nicht mit Strafen gleichzusetzen. Es geht lediglich darum, die Sensibilität des Hundes gegenüber Umweltreizen auszuloten. Sind alle anderen Hunde, die Kaninchen, Vögel oder andere Reize viel spannender als der um Aufmerksamkeit buhlende Halter, dann ist es schlecht bestellt um die Störbarkeit des Hundes.

Auch die **Lobbarkeit** des Hundes ist ein wichtiger Aspekt. Freut er sich über das kleinste lobende Signal oder ignoriert er sogar ein überschwängliches Lob seines Menschen, weil es ihm einfach egal ist? Vielleicht ist der Zweibeiner momentan aber auch nicht dazu in der Lage, sein Lob hundeverständlich zu transportieren. Deshalb ist auch die Fähigkeit des Hundehalters, ein Lob auszudrücken, Gegenstand der Vier-Phasen-Analyse.

Der vierte und letzte Punkt der BTCS-Analyse ist die Überprüfung der **Abgrenzbarkeit**. Dahinter verbirgt sich das kontinuierliche Spiel mit Nähe und Distanz, das maßgeblich zur Stabilität der Beziehung zwischen Hund und Mensch beiträgt. Eine eigene Komfortzone, Respekt zollen und Respekt einfordern – all das ist die Basis einer funktionierenden, familiären Struktur. Wo die Möglichkeit der positiv umgesetzten Distanzeinforderung besteht, gibt es auch Nähe.

Alle vier Aspekte der BTCS-Analyse geben Aufschluss über die innere Haltung des Hundes, seine Reaktionsgeschwindigkeit und Präzision der Ausführung. Bestehende Konflikte und andere spezielle Herausforderungen kristallisieren sich heraus.

DREI URSACHEN

Schwierigkeiten bei der Umsetzung von Gehorsam haben in der Regel drei mögliche Ursachen: gesundheitliche Probleme, eine gestörte Kommunikation zwischen Hund und Halter oder Schwierigkeiten innerhalb der Beziehung.

Gesundheitliche Probleme wie Taubheit, Blindheit oder Verletzungen wirken sich auf das Gehorsamkeitsverhalten des Hundes aus. Hier gilt es, die Ursachen – unbedingt in Zusammenarbeit mit einem Tierarzt – abzuklären.

Oft sind es aber auch nur **unklare Signale** vonseiten des Menschen, die beim Hund für Ratlosigkeit sorgen. Er versteht nicht, was dieser babylonisch kommunizierende Zweibeiner will. Schlimmer noch: Womöglich versteht der Hund die menschlichen Signale auch noch miss und zeigt deshalb unerwünschtes Verhalten. Deshalb ist eine klare körpersprachliche Kommunikation unabdingbar und Kern des BTCS.

Häufig sind allerdings auch **Beziehungsprobleme** zwischen Menschen und Hunden die Ursache für mangelnden Gehorsam. Ein ausgewogenes Verhältnis von Respekt und Vertrauen ist die Voraussetzung für die Beflügelung einer funktionierenden Beziehung des Hund-Mensch-Teams. Geraten beide Aspekte aus dem Gleichgewicht, verweigert der Vierbeiner womöglich sogar die Kommunikation mit seinem Menschen. Ist das der Fall, obwohl der Hund sowohl körperlich als auch geistig absolut in der Lage wäre, das Geforderte umzusetzen, dann verweigert er tatsächlich bewusst den Dialog und trifft seine ureigenen Entscheidungen. Er sieht sich innerhalb des Familiengefüges in einer Position, die ihm ermöglicht, ungefragt eigenen Interessen nachzugehen.

Bevor die Ausbildung mithilfe des BTCS beginnt, muss klar sein, welche Ursachen der mangelnden Kommunikation zugrunde liegen. Mittels einer individuell entwickelten Strategie geht es dann schrittweise an den Aufbau einer von Respekt und Vertrauen getragenen Beziehung.

DIE SECHS VERHALTENSMÖGLICHKEITEN

Hinzu kommen veranlagte Lernmuster des Hundes, die im Rahmen des Ausbildungskonzepts vermittelt und dann gezielt genutzt werden, um die Erziehung zu verfeinern. Die angeborenen Lernmuster des Hundes umfassen sechs verschiedene Verhaltensmöglichkeiten:

- Bedrängen oder Drängen
- Passivität
- Aggressive Abwehr
- Flucht
- Devotes Verhalten
- Aktives Angebot

Bedrängen und Drängen

Die positive Form des Bedrängens

Die negative Form des Bedrängens

Beim Bedrängen oder Drängen verändert der Hund aktiv die Nähe oder Distanz zu seinem Gegenüber. Dabei ist es ganz gleich, ob der Hund in freundlicher oder aggressiver Absicht unterwegs ist: Bedrängen oder Drängen geht immer mit einem Verlassen der eigenen Zone und dem Eindringen in die Zone eines anderen einher.

Ein typisches Beispiel für aktives Bedrängen ist das Anspringen des Halters. Drängen liegt beispielsweise dann vor, wenn der Hund an der Leine zieht und das Tempo bestimmt.

Das BTCS unterscheidet zwei Formen dieses Bedrängens oder Drängens: eine positive und eine negative. Welche der Hund gerade ausübt, ist an seinen spezifischen Verhaltensweisen abzulesen. So ist die Rute des Hundes bei der positiven Form des Bedrängens vom Ansatz aus aktiv. Der Hund macht insgesamt einen lockeren, entspannten Eindruck. Seine Ohren bewegen sich verspielt hin und her. Maul und Augen sind entspannt geöffnet. Bei der aggressiven Form des Bedrängens fällt die hohe Rutenhaltung auf. Die Rute bewegt sich ausschließlich im oberen Bereich und wirkt angespannt. Die Ohren sind starr nach vorne gerichtet. Die Augen sind weit geöffnet und fixieren das Gegenüber. Ein fester Rücken sowie ein aufgerichteter Oberkörper sind ebenso charakteristisch für das aggressive Bedrängen wie die insgesamt angespannte Körperhaltung des Hundes.

Passivität

Verhält sich ein Hund passiv, kann das ganz unterschiedliche Ursachen haben. Vielleicht gehört ein gewisses Phlegma zu den rassetypischen Eigenschaften des jeweiligen Hundes und ist in seinem traditionellen Einsatzgebiet sogar erwünscht. Oder es handelt sich um ein bewusstes Abwehrverhalten, das sich in Ignoranz äußert. Abwehrendes, passives Verhalten setzt der Hund ein, um Widerstand gegen die an ihn gestellten Anforderungen auszuüben. Auch hier gibt es charakteristische Merkmale: Bei einer rassebedingten Passivität bewegt sich der Hund langsam und entspannt. Die Rute zeigt keinerlei Anspannung, die Augen haben einen ruhigen Ausdruck und auch der Atemrhythmus ist ruhig. Der Hund zeichnet sich im Alltag generell durch eine große Gelassenheit aus. Aggressiv passive Hunde bewegen sich zwar auch langsam, wirken dabei aber sehr angespannt und steif. Hinzu gesellen sich

ein geschlossenes Maul, weit geöffnete Augen mit einem starren Blick und eine kurze, flache Atmung. Die Rute ist meistens unbeweglich, aber nicht bei jedem Hund gleichzeitig auch eingezogen. Das Gesamtbild des Hundes ist angespannt.

Aggressive Abwehr

Wählen Hunde die Möglichkeit der aggressiven Abwehr, dann sind sie durchaus gewaltbereit. Das kann wiederum verschiedene Gründe haben. Vielleicht wählt der Hund die aggressive Abwehr als Verteidigungsstrategie, weil er sich selbst bedroht fühlt. In diesem Fall handelt es sich um eine Angstaggression. Womöglich möchte er aber auch mehr Raum für sich beanspruchen und zielt darauf ab, Dominanz und Kontrolle auf sein Gegenüber auszuüben. Diese Form der aggressiven Abwehr ist durch eindeutige Drohgebärden gekennzeichnet. Auffällig ist in solchen Situationen die insgesamt hohe Grundanspannung des Hundes. Die Augen sind weit aufgerissen, die Pupillen geweitet und die Maulwinkel laufen spitz zu. Der Hund knurrt und fletscht dabei die Zähne. Oft ist die Rute in dieser Situation eingezogen.

Bei der aggressiven Abwehr aus Dominanz gibt es vier unterschiedliche Druckphasen. In der ersten Phase baut der Hund eine hohe Anspannung auf und fixiert sein Gegenüber mit den Augen. Phase zwei leitet der Hund mit dem Zeigen der Zähne und einem akustischen Signal wie Bellen oder Knurren ein. In den ersten beiden Phasen verweilt der Hund an Ort und Stelle. Erst in der dritten Phase erfolgt eine räumliche Annäherung an den Kontrahenten – meistens in Form eines Scheinangriffs, der von einem kleinen Sprung vorwärts bis hin zu lautem Bellen und weitem Vorschnellen reichen kann, um kurz vor dem Kontrahenten schließlich innezuhalten und dessen Reaktion abzuwarten. Zeigt sich das Gegenüber unbeeindruckt, beginnt die vierte Phase der aggressiven Abwehr. Der dominante Hund startet einen körperlichen Übergriff, der wiederum in vier unterschiedlichen Phasen verläuft. Zuerst lässt der Kontrahent etwas Fell, darauf folgen leichtere, oberflächliche Verletzungen, dann tiefere Fleischwunden. Die vierte und letzte Phase geht mit einer ausgeprägten Verletzungsabsicht – manchmal auch Tötungsabsicht – einher.

Flucht

Wählt der Hund die Möglichkeit der Flucht, möchte er sich der aktuellen Situation entziehen. Dieser Entscheidung mag schnödes Desinteresse zugrunde liegen, da der Hund kein Interesse daran hat, eine Auseinandersetzung mit seinem Gegenüber zu suchen. Er entscheidet sich für die Flucht, wobei in diesem Fall keinerlei Verunsicherung mit im Spiel ist. Allerdings gibt es auch die auf Angst basierende Flucht. Dann dominiert nur eine Idee im Kopf des Hundes: sich möglichst schnell in Sicher-

heit zu bringen. Es gibt auch eine Form der kontrollierten Flucht, mit der ein Hund seinem Gegenüber eine aktive Unterordnungsbereitschaft signalisiert. Mit dieser Respektsbekundung gehen oft Höflichkeitssignale einher. Da die Kommunikation von Hunden untereinander auf Raumkontrolle basiert, ist die kontrollierte Flucht ein häufig gezeigtes Signal unter Sozialpartnern. Fluchtverhalten tritt übrigens mitunter auch im Spiel auf.

Devotes Verhalten

Beschwichtigungssignale sind ein typisches Anzeichen für devotes Verhalten. Dahinter verbirgt sich die Bereitschaft der Unterordnung. Junge Hunde zeigen dieses Verhalten oft gegenüber den Elterntieren oder gegenüber anderen erwachsenen Artgenossen. Zu den charakteristischen Signalen gehören das seitliche Zeigen der Schulter, langsame Bewegungen, Abducken, flach an den Kopf gelegte Ohren, das Abwenden des Blicks, das Belecken der Schnauze und hektisches Lecken. Oft zeigen sich zudem ein aufgewölbter Rücken, eine abgesenkte oder eingeklemmte Rute sowie hektisches Rutenwedeln aus der Spitze heraus.

Devotes Verhalten setzen Hunde mit verschiedensten Zielsetzungen ein. Das kann beispielsweise die Abwendung eines Angriffs sein. Gelingt dies nicht, entwickeln sich aus dem devoten Verhalten womöglich auch Formen der aktiven oder passiven Unterordnung. Während die aktive Unterordnung eine Form der Flucht ist, äußert sich die passive Unterordnung durch ein Ablegen und Bauchzeigen des devoten Hundes. Er liegt regungslos am Boden, um seinem Gegenüber totale Unterwerfung zu signalisieren. Welpen und Junghunde setzen dieses Verhalten übrigens gerne auch als Mittel der Manipulation ein. Damit beschwichtigen sie ihr Gegenüber, um dann doch das eigene Ziel – wie das Klauen von Futter – durchzusetzen. Für die Erziehung des Hundes ist es wichtig, zwischen geradlinigem und manipulativem Verhalten zu unterscheiden.

Aktives Angebot

Wenn Hunde ein aktives Angebot machen, dann sind sie „gesprächsbereit" und zeigen dabei noch höfliche Umgangsformen. Dies ist eines der wichtigsten Ziele innerhalb der Erziehung von Hunden, weil diese Verhaltensweise eine harmonische und funktionierende Beziehung zum Hund ermöglicht. Ein aktives Angebot zeigt das Bemühen des Hundes, seine Bereitschaft zur Mitarbeit und sein Bedürfnis nach Harmonie zu signalisieren. Ein weicher, offener Blick mit direktem Kontakt zum Gegenüber ist hierfür ein typisches Signal wie auch ein ruhiger Lidschlag, ein leicht geöff-

Familienhunde sollten absolut zuverlässig sein.

netes Maul, verspielte Ohren und eine feine, bewegliche Mimik. Die gesamte Rückenpartie des Hundes ist entspannt und beweglich, die Rute ist unter die Waagerechte abgesenkt und bewegt sich schwingend vom Rutenansatz an. Oft zeigen Hunde beim aktiven Angebot auch ein Belecken der Lefzen. Mit Unterwürfigkeit hat all das nichts zu tun, sondern mit einem bewussten, höflichen Angebot des Hundes, das man auch als „will to please" bezeichnet und für das unter anderem Labrador Retriever bekannt sind.

ZIELE DER AUSBILDUNG

Ziel der Ausbildung nach dem BTCS ist es, das Verhalten des Hundes über die beschriebenen sechs Verhaltensmöglichkeiten zu lenken und ihm beizubringen, wann er welche Verhaltensweise zeigen soll.

Jeder Familienhund sollte ein aktives Angebot machen, wenn wir ihn rufen. Auf das Signal für „Platz" hin sollte er sich hinlegen und somit die von uns gewünschte Verhaltensoption „passiv" als Lösung wählen. Eine Korrektur unerwünschten Hundeverhaltens, das auf einem Beziehungsproblem basiert und mit mangelndem Respekt einhergeht, korrigieren wir durch die treibende Hilfe, die eine Übung aus dem Verhaltensfunktionskreis „Flucht und devot" ist.

Zu Beginn der Ausbildung zeigen Hunde oft Kombinationen der einzelnen Verhaltensweisen oder gehen mit einem fließenden Übergang von einer zur anderen über. Welche Verhaltensweisen dabei in welcher Situation vorherrschen, kann rassespezifische oder auch individuelle Hintergründe haben.

Der schlaue Theo

Eigentlich gibt es kein falsches Hundeverhalten. Es ist vielmehr so, dass wir gewisse Verhaltensweisen in bestimmten Situationen nicht wünschen. Es liegt an uns, dem Hund zu vermitteln, wann wir welche Verhaltensweise sehen wollen und wann nicht.

Innere Balance herstellen

Es gibt nicht nur unterschiedliche Verhaltensweisen, sondern auch verschiedene Intensitätsstufen des jeweiligen Verhaltens. Diese vergleichen wir gerne mit den Farbstufen einer Ampel: Grün – Gelb – Rot.

Agiert ein passiver Hund auf der höchsten Intensitätsstufe (Rot), zeigt er ein extrem ignorantes Verhalten gegenüber seiner Umwelt. Ein Hund, dessen bevorzugte Verhaltensweise die Flucht ist und der sich ebenfalls in der roten Intensitätsphase befindet, begegnet Stresssituationen mit Fluchtversuchen, die bisweilen an Hysterie grenzen. Da jeder Hund von Natur aus eine Tendenz zu der einen oder anderen Verhaltensweise hat und diese dadurch stärker ausgeprägt ist als die anderen, befindet er sich im Ungleichgewicht. Das BTCS-Ausbildungskonzept zielt darauf ab, den Hund in einen Zustand des Gleichgewichts zu bringen. Psychisches Gleichgewicht ist eine Grundvoraussetzung, damit der Hund geforderte Aufgaben mit innerer Ausgeglichenheit bewältigen und dementsprechend erfolgreich sein kann. Mit anderen Worten: Der Hund sollte alle Verhaltensmöglichkeiten in einem angemessenen Bereich zeigen.

Vertrauen hat auch viel mit Wohlbefinden zu tun.

Wie erreichen wir dieses Ziel? Indem wir die innerartliche Kommunikation von Hunden als Basis für die weitere Ausbildung nutzen. Dabei rückt unweigerlich die Körpersprache in den Fokus. Eine artgerechte Erziehung stellt den Hund als Sozialpartner in den Mittelpunkt, vermenschlicht ihn dabei aber nicht. Hunde sehnen sich nach Harmonie und Komfort. Kommt es zwischen ihnen zu Unstimmigkeiten, führt das zu Disharmonie zwischen den Sozialpartnern. Läuft hingegen alles nach Plan, herrscht Harmonie im Sozialgefüge. Dabei ist Disharmonie stets durch Druck gekennzeichnet. Harmonie geht mit Entspannung, also einer Druckwegnahme, vonstatten.

Bei Hunden erfolgt die Konfliktlösung über Raumkontrolle. Zeigt ein Hund unerwünschtes Verhalten, korrigieren ihn seine Sozialpartner durch gezielte Raumkontrolle. Sie kontrollieren seinen Bewegungsradius. Dabei bauen sie Druck auf und verfolgen das Ziel, Respekt zu erlangen. Einen Mangel an Respekt korrigieren Hunde untereinander, indem sie vom respektlosen Part eine aktive oder passive Unterordnungsbereitschaft fordern.

Einladende Hilfe

Die einladende Hilfe beruht auf Lob und einer entspannten Atmosphäre zwischen Hund und Halter. Wir überprüfen, ob uns der Hund das gewünschte Maß an Aufmerksamkeit schenkt und ob er gesprächsbereit ist. Dazu entspannen wir unseren Körper, achten auf eine weiche, leicht zurückgelehnte Oberkörperhaltung und setzen gezielt freundliche Lautsignale ein – zum Beispiel nennen wir den Hund mit leiser Stimme beim Namen. Ist der Hund gesprächsbereit, reagiert er auf unser Angebot und wir bestätigen ihn durch ein Lob. Dieses Loben erfolgt aktiv oder passiv, mit unterschiedlicher Intensität, wobei es vier Stufen gibt. Loben mit freundlicher Stimme entspricht Stufe eins des aktiven Lobens. Stufe zwei umfasst das Rückwärtslaufen in leicht geduckter Haltung, das den Hund zum Nachfolgen motiviert. Stufe drei erfolgt im moderaten Partymodus. Der Hund darf mitspielen, sogar leicht bedrängen, indem er seinen Menschen spielerisch anspringt, was in anderen Situationen natürlich strikt unterbunden wird. Phase vier verläuft im Partymodus. Der Hund darf noch mehr Körperkontakt ausüben, Streicheln und kumpelhaftes Durchwuscheln des Fells sind erlaubt. Die Bestätigung des Hundes durch ein Lob erfolgt somit in vier Phasen, die wir kurz noch etwas näher beleuchten wollen, damit das Lob auch wirklich mit der richtigen Intensität erfolgt:

Ein passives Lob erfolgt aus der Ruhe heraus und umfasst ebenfalls vier verschiedene Stufen: Die erste Phase besteht in einer stillschweigenden Bestätigung. Wir kritisieren das Verhalten des Hundes nicht, sondern belohnen ihn mit einem freundlichen Blick. In der zweiten Phase streicht der Hundehalter seinen Vierbeiner vom

Die Ansprechbarkeit ist eine Grundlage der einladenden Hilfe.

Emil sitzt vor und Julia streicht ihn sanft mit ihren Händen ab. Hunde lieben diese Form des Lobs.

Nasenrücken bis zum Schulterblatt hinab mit den Händen ab – und zwar ganz ruhig und sanft. In der dritten Stufe erstreckt sich dieses Abstreichen über den Rücken bis hin zur Kruppe. Die vierte und letzte Phase besteht aus einem engen Körperkontakt, bei dem der Halter ruhig und zärtlich mit seinem Hund kuschelt. Wenn es die Körpergröße des Hundes zulässt, darf er auch gerne auf den Schoß seines Menschen klettern.

Einladende Hilfen variieren individuell mit dem Ausbildungsstand des Hundes. Der Hund soll mit einem aktiven Angebot auf die Einladung des Trainers reagieren.

Das BTCS setzt die einladende Hilfe ein, wenn das unerwünschte Verhalten des Hundes beispielsweise auf einem Kommunikationsproblem beruht. Die einladende Hilfe kommt auch zum Einsatz, wenn der Hund aufgrund einer hohen Störbarkeit Hilfe braucht, um sich besser zu konzentrieren. Die einladende Hilfe ist immer angebracht, wenn sie den Hund zum erwünschten Verhalten bewegt und seine innere Haltung Kooperationsbereitschaft zeigt.

Manchmal liegt es aber nicht an mangelndem Respekt oder an fehlender Gesprächsbereitschaft. Der Hund versteht einfach nicht, was wir von ihm wollen. In diesem Fall sollten Sie unbedingt die eigene Körpersprache überprüfen. Die einladende Hilfe präzisiert den Weg, den der Hund wählen soll. Sie hilft, sein Verständnis zu schärfen und die richtige Lösung zu finden. Das kann beispielsweise auch ein aufforderndes Klopfen auf die Außenseite des eigenen Oberschenkels sein, um den Hund bei Fuß gehen zu lassen. Die einladende Hilfe schafft Harmonie zwischen Hund und Halter, außerdem fördert und stabilisiert sie das Vertrauen ineinander.

Treibende Hilfe

Manchmal sind es jedoch genau der Mangel an Respekt und eine fehlende Gesprächsbereitschaft, die zum unerwünschten Verhalten des Hundes führen. Dann kommt beim BTCS-Ausbildungskonzept die treibende Hilfe zum Einsatz. Wir stören

Die innere Haltung des Trainers spiegelt sich in der kombinierten Körpersprache. Beides zusammen bringt den erwünschten Erfolg.

den respektlosen Hund durch den gezielten Aufbau von Disharmonie. Ziel ist auch hierbei, eine respektvolle und von Vertrauen geprägte Beziehung zu festigen. Das Vertrauen des Hundes darf durch die treibende Hilfe deshalb keinesfalls Schaden nehmen. Die Einhaltung bestimmter Regeln und Fairness sind ein Muss. Denn nur dann lassen sich eine liebevolle Freundschaft und stabile Bindung zwischen Hund und Mensch festigen.

Entscheidend ist die Einhaltung des Vier-Phasen-Druckaufbaus des Drohverhaltens, das Hunde aus der innerartlichen Kommunikation kennen. Wir imitieren dabei das natürliche Verhalten des Hundes, das er im Umgang mit respektlosen Artgenossen zeigt, um wieder Harmonie herzustellen. Die treibende Hilfe fordert vom Hund eine aktive Unterordnung ein. Die körpersprachlichen Signale sind dabei dieselben, die

Die treibende Hilfe imitiert das Ausdrucksverhalten eines Hundes, der eine aktive Unterordnung von seinem Sozialpartner erwartet. Typische Signale hierfür sind: eine starke Körperspannung, ein fixierender Blick, die direkte Bewegung auf den zu treibenden Hund zu.

Reagiert der Hund richtig, indem er die aktive Unterordnung und somit den abgefragten Respekt zeigt, wird das Treiben sofort aufgelöst.

Das Auflösen nach der treibenden Hilfe ist wichtig. Dies geschieht mithilfe von entspannten körpersprachlichen Signalen und einladenden Hilfen.

der Hund auch einem Artgenossen gegenüber zeigen würde, um Respekt und die Bereitschaft zur Unterordnung zu signalisieren. Beim schrittweisen Druckaufbau durch Körpersprache ist unbedingt auf das Vier-Phasen-System zu achten:

- Wir erhöhen unsere Körperspannung und fixieren den Hund mit unserem Blick.
- Jetzt kommt ein akustisches Signal hinzu – zum Beispiel ein Knurren.
- Bleibt die gewünschte Reaktion aus, erfolgt ein Scheinangriff. Wir bewegen uns auf den Hund zu, bedrängen ihn und fordern eine aktive Unterordnungsbereitschaft ein. Wir wollen ein Zurückweichen sehen. Wir können unsere Signalwirkung auch zusätzlich durch ein Aufschwingen der Leine intensivieren. Dabei erfolgt keine direkte Berührung des Hundes. Die Leine soll ihm lediglich imponieren, damit er Respekt zeigt. Probieren Sie einfach aus, welche Mittel sich am besten eignen, um den Hund zu beeindrucken und zur aktiven Unterordnung zu bewegen. Auch das Klappern mit einem Schlüsselbund, das Ausschütteln der Leine, das Wedeln mit dem Leinenende oder das Rasseln mit einer kleinen Metallkette eignen sich hierfür.

Sind alle drei Vorphasen durchlaufen, ohne den erwünschten Erfolg zu erzielen, erfolgt nun körperliches Bedrängen. Wir schieben den Hund mit den Beinen weg und geben gleichzeitig ein akustisches Signal. Wichtig: Unsere Beine bleiben dabei auf dem Boden. Sie bewegen sich wie auf Schienen, mit kleinen Schritten vorwärts. Falls erforderlich, erhöhen wir die Intensität durch stärkeres Auftreten. Auch ein erneutes Aufschwingen der Leine oder das geräuschvolle Werfen eines Objekts hinter oder neben den Hund gehören zu den möglichen Mitteln der vierten Phase.

Sowohl die einladende als auch die treibende Hilfe sind bei der Ausbildung richtungsweisend, um dem Hund zu helfen, die richtige Lösung zu finden. Das ermöglicht, seine Gesprächsbereitschaft – ganz ohne durch Triebmittel gesteuerte Konditionierungsprozesse – zu fördern und damit auch seine Aufnahmebereitschaft zu steigern. Die körpersprachliche Kommunikation ersetzt gängige Lockmittel wie Futter, Spielzeug oder andere Motivations-Booster.

Ziel der Ausbildung nach dem BTCS ist es, eine stabile Beziehung zwischen Mensch und Hund aufzubauen, die in jeder erdenklichen Situation – auch unter größter Ablenkung und auf Distanz – funktioniert. Respekt und Vertrauen bilden hier die Basis. Wir motivieren den Hund durch einen ausgeprägten Wunsch nach Bindung, nicht durch das Begehren von Leckerchen oder Spielzeugen.

Eine Beziehung zwischen Mensch und Hund funktioniert nicht ohne einen aktiven Dialog, ein Gespräch. Die treibende und die

Der schlaue Theo

Es gehört zu den Spielregeln des BTCS, den Druck sofort zu beenden, sobald der Hund nachgibt. Genauso verfahren Hunde untereinander, die sogleich erneut auf einer neutralen Basis konstruktiv miteinander umgehen. So verhält es sich auch zwischen Menschen und Hunden. Wir fangen den Hund – nach Herstellen der Gesprächsbereitschaft – durch die einladende Hilfe erneut auf und führen ihn zurück zur Harmonie.

Hier geht es um die Erarbeitung der Abgrenzbarkeit. Dazu verlagert der Hundehalter sein Gewicht auf das vordere Bein, erhöht seine Körperspannung und setzt einen starren Blick auf. Der Hund soll weichen.

einladende Hilfe dienen in diesem Zusammenhang als Werkzeuge der Kommunikation. Sie tragen zur Verständigung bei und helfen, das Verhalten des Hundes in gewünschte Bahnen zu lenken. Der direkte Dialog zwischen Hund und Halter bildet somit die Basis des BTCS.

Die bereits erwähnten sechs verschiedenen Verhaltensmöglichkeiten sind hierbei die sogenannten Spielkarten des Dialogs. Diese sechs Verhaltensmöglichkeiten finden sich übrigens bei vielen Lebewesen wieder. Sie sind das Rüstwerkzeug, um Situationen zu lösen und entsprechend auf sie zu reagieren. In welcher Reihenfolge diese Verhaltensmöglichkeiten in Erscheinung treten und welche stärker ausgeprägt sind als andere, hängt zum einen von der genetischen Disposition, zum anderen aber auch von den Erfahrungswerten des Individuums ab.

Bei der Ausbildung nach dem BTCS erfolgt eine Steuerung des Hundeverhaltens mithilfe des Dialogs zwischen Mensch und Hund. In der Praxis wäre das beispielsweise ein Kommando wie „Platz“, das den Hund zum Ablegen und zum Verharren in dieser Position bewegt. Wir fordern vom Hund in diesem Moment ein passives Verhalten. Über den Dialog vermitteln wir dem Hund, was wir von ihm erwarten, welche Anforderungen wir im Rahmen der Beziehung stellen.

Die zuvor erfolgte freundliche Ansprache verfehlte ihr Ziel. Deshalb wird der Hund nun gezielt beim Schnüffeln gestört. Treibende Hilfen dienen dazu, den Hund abzugrenzen.

Dies ist die korrekte Reaktion auf das Abgrenzen. Danach kann der Hundehalter seinen Hund erneut zum Folgen auffordern.

Nun verlagert der Hundehalter sein Gewicht auf das hintere Bein und fordert den Hund zum Herankommen auf.

Eine klare Körpersprache ist dabei eine wichtige Grundlage für eine unmissverständliche Kommunikation mit dem Hund. Mithilfe der Körpersprache stellen wir dem Hund gezielt Fragen. Fragen erfwordern Antworten und die fallen bisweilen recht unterschiedlich aus. Hier lohnt es sich, genauer hinzusehen.

DIE DREI ASPEKTE DER ANTWORT

Dialoge bestehen oft auch aus Fragen und Antworten. Das BTCS berücksichtigt in diesem Zusammenhang drei unterschiedliche Aspekte der Antwort:

- Unmittelbare Reaktion
- Innere Haltung
- Korrekte Antwort

Die unmittelbare Reaktion

Hierbei beobachten wir, ob unser Gegenüber direkt auf unsere Frage antwortet oder erst mit zeitlicher Verzögerung darauf reagiert. Unter unmittelbar oder direkt verstehen wir beim BTCS dabei einen Zeitraum von maximal drei Sekunden. Die dahinterstehende Erwartungshaltung ist eine sofortige Reaktion des Hundes auf die

Ansprache hin. Er soll aufrichtig und höflich Kontakt anbieten. Innerhalb der unmittelbaren Reaktion gibt es individuelle Unterschiede – rassespezifischer oder auch erfahrungsbedingter Art. So zeigen beispielsweise Jagdhunde, die auf mittelalterliche Vogelhunde zurückgehen, oft starke Reaktionen beim Anblick eines Vogels. Diese unmittelbare Reaktion ist angeboren, nicht anerzogen. Der Hund sollte seinem Menschen gegenüber eine vergleichbare unmittelbare Reaktion zeigen. Bleibt das aus, besteht der Mensch auf einer Verhaltensänderung des Hundes.

Die innere Haltung

Die innere Haltung des Hundes, die wir beim BTCS auch als richtige Arbeitseinstellung bezeichnen, nimmt einen zentralen Stellenwert innerhalb der Ausbildung ein. Sie folgt gleich nach der unmittelbaren Reaktion, die ein maßgeblicher Punkt des funktionierenden Hund-Mensch-Dialoges ist. Deshalb überprüfen wir immer die innere Haltung des Hundes. Ist sie von Widerstand geprägt? Oder von Kooperationsbereitschaft? Zeigt sich Widerstand als innere Haltung, erfolgt eine Analyse der im Rahmen des Widerstands bestehenden Verhaltensoptionen.

Die Aufgabe des Ausbilders liegt dabei darin, genau zu beobachten, welche der sechs möglichen Verhaltensweisen der Hund in bestimmten Situationen als Reaktion wählt. Unser Ziel ist dabei stets, ein aktives Angebot vom Hund zu erhalten. Er soll uns zuhören und aktiv seine Arbeitsbereitschaft signalisieren. In der ersten Phase der Ausbildung misslingt dies in der Regel oft. Das ist völlig normal. Viele Hunde reagieren erst einmal mit passivem, ignorantem Verhalten sowie Drängen oder Bedrängen ihres Menschen. Diese innere Haltung des Hundes ist unerwünscht. Deshalb möchten wir sie korrigieren. Der Hund versteht diesen Ausbildungsprozess, weil er das Vorgehen aus seinem natürlichen Verhalten mit Artgenossen kennt. Denn eine unachtsame innere Haltung führt im Umgang mit Artgenossen meistens zu Disharmonien.

Die korrekte Antwort

Als korrekte Antwort bezeichnen wir im BTCS die präzise Ausführung einer bestimmten Lektion. Dies ist nur nach einer umfassenden Schulung eines Kommandos im Vorfeld möglich und durchführbar. Die korrekte Antwort bezieht sich auch auf die treibenden und einladenden Hilfen, die ebenfalls Lektionen sind, die innerhalb des BTCS zentrale Rollen einnehmen.

Hunde lieben das sanfte Abstreichen, das wir auch gezielt als Lob einsetzen.

DREI AUSBILDUNGSSITUATIONEN

Ansprechbarkeit, Lobbarkeit und Abgrenzbarkeit sind drei Ausbildungssituationen innerhalb des BTCS, die wir uns durch den Vergleich mit den Polen einer Batterie veranschaulichen können. Die Ansprechbarkeit ist in diesem Vergleich die leuchtende Glühbirne, die dank der Batterie funktioniert. Die Lobbarkeit, die einladende Hilfe, ist der Pluspol. Die Abgrenzbarkeit, die treibende Hilfe, der Minuspol.

Ansprechbarkeit

Sie ist das erste und allerwichtigste Ziel der Ausbildung. Warum? Weil ohne die Ansprechbarkeit des Hundes weder Kommunikation noch das Erlernen neuer Lektionen möglich sind.

Abgrenzbarkeit

Dies kennzeichnet die Bereitschaft des Hundes nachzugeben – durch aktives, respektvolles Weichen. Damit besteht für den Ausbilder die Möglichkeit, Distanz vom Hund einzufordern.

Die korrekte Antwort auf die Abgrenzbarkeit beziehungsweise Kritikfähigkeit ist der unmittelbare Aufbau von Distanz. Dabei wirkt die Körperhaltung des Hundes höflich und die Bereitschaft des Vierbeiners nachzugeben ist spürbar. Dafür gibt es

Die Ansprechbarkeit des Hundes ist die Basis jeglicher Kommunikation.

Manchmal reicht schon dezentes Weichen aus, um eine Situation zu regulieren.

eindeutige Signale: Der Hund wendet den Blick ab, legt die Ohren an und senkt die Rute unter die Kruppe ab. Auch seitliches Weichen, das den Blick auf die Schulter des Hundes freigibt, oder das Abwenden in eine vorgegebene Richtung – mit angemessenem Tempo – sind charakteristisch für diese Situation.

Lobbarkeit

Hier geht es um die Bereitschaft des Hundes, ein korrektes Angebot zu machen – also, höflich Nähe zu suchen. Diese Nähe empfindet der Hund in dieser Ausbildungssituation als Harmonie. Dazu fordern wir ein nahes, korrekt ausgeführtes „Sitz", mit möglichst viel Körpernähe und einem direkten Blickkontakt. Die Situation ist entspannt. Hund und Halter konzentrieren sich voll und ganz darauf, bewusst die Verbindung zueinander aufrechtzuerhalten.

Erfolgt die korrekte Antwort auf die Lobbarkeit, ist der Hund entspannt. Er wirkt insgesamt weich und freundlich. Er ist dem Menschen fröhlich zugewandt. Für ihn zählt das Lob. Es ist ihm wichtig.

Griffon Korthals Horsti sucht höflich Julias Nähe.

Lesen, nicht bewerten

Innerhalb des BTCS gibt es einen weiteren wichtigen Aspekt, den Sie als Hundehalter reflektieren sollten: Wir wollen lernen, Hunde zu lesen, ohne ihr Verhalten zu bewerten. Warum? Weil die Bewertung des Hundeverhaltens den Lernerfolg blockiert und eine Weiterentwicklung verhindert. Zudem basieren die Bewertungen des Hundeverhaltens in der Regel auf Erfahrungen aus dem täglichen Umgang mit Menschen und bringen somit eine menschliche Perspektive und unweigerlich ein hohes Maß an Emotionalität mit sich. Da diese Grundeinstellung kontraproduktiv ist, sollten wir uns darin schulen, die eigenen Emotionen außen vor zu lassen und den Fokus konsequent auf die reine Beobachtung von Fakten zu legen. Was beobachten wir konkret an unserem Hund? Was geschah nach unserer Aufforderung? Wie verhielt er sich? Hierbei zählen ausschließlich kurze, neutrale Antworten. Daraufhin erfolgt die Analyse mithilfe der bereits erläuterten, drei Teilen der Antwort: die unmittelbare Reaktion, die innere Haltung und die korrekte Antwort.

ERST DAS GESAMTBILD IST AUSSAGEKRÄFTIG

Kopf

Wenden wir uns dem Kopf des Hundes zu. Als erstes betrachten wir das Maul. Wie sieht es gerade aus? Ist es geöffnet oder geschlossen? Wirkt es angespannt oder entspannt? Sind die Maulwinkel spitz und lang oder eher rund gezogen? Hechelt der Hund? Auch hier gibt es durch die unterschiedlichen Rassemerkmale bedingte individuelle Unterschiede. Dennoch lassen sich bei jedem Hund gewisse Tendenzen feststellen, die zu den oben aufgeführten Beobachtungen passen. Was sagen uns diese Beobachtungen? Ein fest geschlossenes Maul, runde Maulwinkel und aufgestellte Tasthaare deuten in der Regel auf einen nicht gerade freundlich gestimmten Hund hin. Natürlich erfordert eine sichere Aussage die Einbeziehung des Gesamtbilds der Körpersprache. Dennoch weist das beschriebene Maul eher auf einen offensiv drohenden Hund hin. Eine fest geschlossene, lange Maulspalte mit spitzen Maulwinkeln und aufgestellte Tasthaare sind ebenfalls kein freundliches Signal, deuten aber – im Gegensatz zur ersten Variante – auf eine defensive Drohung hin. Ein freundlich gestimmter Hund hat ein weiches Maul, einen lockeren Ausdruck und zeigt keinerlei Anspannung im Gesicht. Auch Hecheln oder das Belecken der Maulwinkel kommen vor. Die Tasthaare liegen an.

Der schlaue Theo

Das korrekte Lesen des Hundes beginnt mit einer exakten Beobachtung aller einzelnen körpersprachlicher Signale des Hundes, die gemeinsam das aktuelle Gesamtbild ergeben. Wir beginnen beim Kopf und den Augen, betrachten die Ohren, den Rücken und die Rute. Anschließend fügen wir das Gesamtbild zusammen und gewinnen einen aussagekräftigen Eindruck.

Augen

Ein ruhiger Augenausdruck, ein entspannter Lidschlag und eine den aktuellen Lichtverhältnissen angepasste Pupillengröße wirken auf uns anders als ein starrer Blick mit großen Pupillen oder ein ausweichender Blick sowie ein direkter Blickkontakt. Generell ist ein Blickkontakt die Voraussetzung für ein Gespräch zwischen Hund und Halter. Das gilt auch für die Kommunikation von Hunden untereinander. Das Aufrechterhalten des Blickkontakts gibt aber auch Aufschluss über die jeweilige Position innerhalb der Hierarchie. Der untergeordnete Part wendet stets als erster den Blick ab, dann dreht er den Kopf weg und schließlich wendet er auch die Schulter ab.

Der schlaue Theo.

Ein entspannter Augenausdruck mit ruhigem Lidschlag und normaler Pupillengröße ist erst einmal eine gute Basis für ein Gespräch. Dagegen weist ein starrer Blick mit unbeweglichen Lidern und kleinen Pupillen nicht unbedingt auf eine freundliche Grundstimmung des Hundes hin. Hier ist Vorsicht geboten. Auch Unsicherheit des Hundes zeigt sich mitunter durch einen starren Blick und unbewegliche Lider. In dieser Situation sind die Pupillen aber in der Regel erweitert und entsprechend groß. Allerdings gestattet auch hier letztendlich erst die Beobachtung des Gesamtbilds eine sichere Aussage.

Ohren

Jetzt beobachten wir die Ohren unseres Hundes. Legt er sie eng an den Kopf an oder stellt er sie auf? Verharren sie starr in einer Position oder bewegen sie sich flexibel hin und her? Bewegen sich die Ohren auch einzeln oder nur gemeinsam? Stramm nach vorne gerichtete Ohren drücken in der Regel eine aufmerksame Grundeinstellung des Hundes aus. Vielleicht sieht er etwas, das ihn interessiert oder er vernimmt gerade ein ungewöhnliches Geräusch. Dieselbe Ohrstellung zeigen die meisten Hunde im Zusammenhang mit einem offensiven Gesamtbild, das beispielsweise mit einer Drohung oder auch im Bedrängungsprozess zum Vorschein kommt. Stramm nach hinten gerichtete Ohren, die zudem durch Unbeweglichkeit auffallen, deuten in der Regel eher auf eine defensive Grundhaltung des Hundes hin. Auch das Fluchtverhalten geht mit solchen Körpersignalen einher. Weiche, bewegliche, verspielte Ohren sind die beste Voraussetzung für ein fruchtbares Gespräch zwischen Hund und Halter.

Rücken

Ist der Rücken unseres Hundes fest, steif oder weich? All das sagt etwas über die innere Haltung des Vierbeiners aus. Dabei beobachten wir den Rücken vom Nacken bis hin zum Rutenansatz, denn auch innerhalb dieser Bereiche gibt es Abschnitte mit unterschiedlichen Anspannungs- oder Entspannungsgraden. Aber auch der Rücken steht nicht für sich allein, sondern wir haben das Gesamtbild der Körpersprache im Auge. Dennoch gilt die grobe Richtlinie: Ein angespannter, steifer, gerader Rücken weist unter Umständen auf eine Drohung hin. Ein lockerer, beweglicher Rücken ist hingegen eine gute Voraussetzung für ein funktionierendes Gespräch. Liegen unterschiedlich angespannte Rückenbereiche vor, ist das Gesamtbild die einzige Möglichkeit, eine zuverlässige Aussage über die Grundstimmung des Hundes zu treffen.

Rute

Abgesehen vom Kopf ist die Rute des Hundes das aussagekräftigste Stimmungsbarometer. Sehen wir uns die Rute unseres Hundes einmal genauer an: Ist sie beweglich und wedelt der Hund mit ihr? Trägt er sie hoch oder sogar senkrecht über den Rücken erhoben? Bildet die Rute eine ebenmäßige Verlängerung des Rückens oder befindet sie sich in einer abgesenkten Haltung unterhalb der Kruppe?

Auch bei der Analyse der Rutensignale spielen rassespezifische Merkmale eine Rolle. Als Richtlinie orientieren wir uns an folgenden Signalen: Eine hoch getragene Rute ist oft in Zusammenhang mit triebgesteuertem Verhalten zu beobachten. Meist liegt ihr auch eine Grundanspannung zugrunde, wobei auch hier das Gesamtbild entscheidet und die phänotypischen Merkmale der Rasse zu berücksichtigen sind. Beispiele hierfür sind Hunde, die Imponierverhalten zeigen, oder Wachhunde, die ihre Aufgabe ernst nehmen. Auch auf den Leckerchen-Beutel fixierte Hunde zeigen eine hoch erhobene Rute. Die signalisiert in diesem Moment aber keine Gesprächsbereitschaft.

Innerhalb des BTCS betrachten wir die hoch erhoben getragene Rute differenziert. Verweilt sie fast dauerhaft in dieser Position, gilt das als kontraproduktiv. Warum? Weil der Hund mit seiner hohen Rutenposition eine Belohnung einfordert und dabei die Grenze zur Aufdringlichkeit und Unkontrolliertheit überschreitet. Die vermeintliche Aufmerksamkeit, die uns der Hund in diesem Augenblick schenkt, ist mit hoher Wahrscheinlichkeit ein Trugschluss, weil diese Aufmerksamkeit meistens sofort dann kippt, sobald ein neuer, stärkerer Reiz auf den Hund einwirkt. Dieser überlagert oder ersetzt dann den ersten Reiz. So etabliert man keine Zuverlässigkeit.

Eine steife Rute, die der Hund als Verlängerung zum Rücken trägt und die keinerlei Bewegung zeigt, sehen wir mitunter bei Angriffen. Allerdings gibt es auch andere Auslöser für dieses Körpersignal, weshalb wieder nur die Beurteilung des Gesamtbilds eine konkrete Aussage ermöglicht. Eine regungslose, unter die Kruppe abgesenkte Rute zeigt oft die neutrale Grundhaltung des Hundes – auch bei hochrangigen Vierbeinern. Sie ist manchmal Ausdruck höflichen Respekts und kommt im Zusammenhang mit dem Weichen und der Flucht vor. Eine tiefe Rute ist auch ein Anzeichen, das auf hohe Konzentration schließen lässt. Jagd- oder Hütehunde klemmen häufig sogar die Rute fest ein, wenn sie gerade sehr konzentriert arbeiten. Eine beweglich wedelnde Rute ist ein Anzeichen für Erregung, nicht generell für Freundlichkeit, wie viele denken. Weshalb der Hund aufgeregt ist, erschließt sich aus seinem körpersprachlichen Gesamtbild.

Der schlaue Theo

Es gibt eine Ausnahme – Welpen. Sie tragen ihre Rute oft hoch, weil sie diese Körperhaltung in ihrem Gleichgewicht unterstützt. Zudem dient die Rute als Sichtsignal für andere Hunde, damit diese den kleineren Artgenossen nicht übersehen und einfach umrennen.

Das BTCS hilft beim Dialog zwischen Mensch und Hund.

Ein weites Feld

Das korrekte Lesen der Körpersprache unseres Hundes ist eine komplexe Angelegenheit, die eine exzellente Beobachtungsgabe, Fachwissen und sehr viel Übung erfordert. Wir können hier nur einen kleinen Einblick in ein Thema geben, mit dem man problemlos zahlreiche Bücher füllen könnte. Diese kleinen Einblicke reichen jedoch aus, um den Dialog mit dem eigenen Hund maßgeblich zu verbessern und eine gute Basis für die gemeinsame Entwicklung zu legen. Wir wollen mit dem BTCS die Voraussetzung für eine funktionierende Kommunikation schaffen und Hundehalter darin schulen, das Verhalten ihrer Hunde zukünftig nicht mehr zu bewerten, sondern ausschließlich zu beobachten. Außerdem hilft das BTCS dabei, die beobachteten Ausdrucksformen des Hundes den entsprechenden Funktionskreisen zuzuordnen und das ist eine hervorragende Möglichkeit, einen erfolgreichen Dialog mit dem Hund zu führen.

Ein gähnender Hund weist auf eine innere Widerstandshaltung hin.

DIE BEIDEN POLE DER INNEREN HALTUNG

Das BTCS unterscheidet hinsichtlich der inneren Haltung des Hundes zwei Pole. Der erste Pol ist die Widerstandshaltung, der zweite Pol die Kooperationshaltung. Die Widerstandshaltung richtet sich gegen die Erwartungshaltung des Zweibeiners an seinen Hund. Der Vierbeiner setzt einen bestimmten Funktionskreis ein, um Widerstand zu leisten. Dieses Verhalten variiert abhängig von der jeweiligen Veranlagung des Hundes.

Die Kooperationshaltung ist hingegen eine innere Zugewandtheit und höfliche Gesprächsbereitschaft, die auf einer von Respekt und Vertrauen geprägten inneren Haltung beruht. Jeder einzelne der insgesamt sechs Funktionskreise der Verhaltensmöglichkeiten des Hundes kann durch einen der beiden Pole der inneren Grundhaltung beeinflusst werden. Ob das der erste Pol oder aber der zweite ist, hängt von der jeweiligen Absicht des Hundes ab.

Und weil es so wichtig ist, diesen Unterschied auch zuverlässig zu erkennen, hier eine kurze Übersicht mit Merkmalen, die uns verraten, welche Ziele unser Hund gerade verfolgt:

Typische Körpersignale der Widerstandshaltung

Langsame Bewegungen, Unbeweglichkeit, aber auch blitzschnelle, plötzliche Bewegungen, die auffallend spontan auftreten, und ein geschlossenes Maul sind charakteristisch für eine innere Widerstandshaltung. Auch plötzliches Losrennen oder Wendungen tauchen in diesem Zusammenhang auf. Sind die Maulwinkel zudem rund geformt, spricht das für eine offensive Grundhaltung des Hundes. Das gilt auch für einen starren Blick, kleine Pupillen und nach vorne gerichtete, unbewegliche Ohren. Große Pupillen, schmale Maulwinkel und angelegte Ohren deuten hingegen eher auf eine defensive Einstellung des Hundes hin. Auch Schütteln, Niesen, Gähnen und eine insgesamt erhöhte Körperanspannung weisen auf eine innere Widerstandshaltung hin.

Typische Körpersignale der inneren Kooperationshaltung

Weiche, fließende Bewegungen, ein offener, sanfter Blick, ein insgesamt beweglicher Körper und die Vermittlung von Losgelassenheit weisen auf eine innere Kooperationshaltung hin. Ebenso charakteristisch sind: ein weiches Maul, bewegliche, oft leicht nach hinten gerichtete Ohren, eine entspannte Mimik und eine locker wedelnde Rute, die sich unterhalb der Kruppe oder in Verlängerung des Körpers befindet.

DIE FUNKTIONSKREISE

Die innere Haltung kann folgende sechs Funktionskreise beeinflussen:

Erster Funktionskreis: das aktive Angebot

Macht der Hund ein aktives Angebot, sendet er uns bestimmte Signale, die wir an seinem Körper ablesen: ein weicher Blick, ein gelassener Augenausdruck und ein ruhiger, gleichmäßiger Lidschlag. Das vielleicht auch leicht geöffnete Maul des Hundes ist weich und entspannt. Oft beleckt der Hund nun auch seine eigenen Lefzen. Die lockeren Ohren bewegen sich. Sie können sowohl nach hinten als auch nach vorne gerichtet sein. Die Mimik des Hundes ist entspannt. Der bewegliche Rücken zeigt keine übermäßige Spannung. Der Hund positioniert die Rute unterhalb der Kruppe und bewegt sie wedelnd aus dem Ansatz heraus.

Zweiter Funktionskreis: passiv

Auch der Funktionskreis „passiv“ des Hundes geht mit einem ruhigen Augenausdruck einher. Das Maul ist geschlossen, weich und entspannt. Die Ohren sind locker und beweglich. Die Kopfhaltung des Hundes ist ruhig, entspannt, mitunter sogar phlegmatisch. Der lockere Rücken zeigt keinerlei Spannung. Das gilt auch für die tief getragene Rute.

Dritter Funktionskreis: die Flucht

Der Augenausdruck des Hundes ist starr. Das Maul ist geschlossen, die Maulwinkel sind langgezogen. Angelegte, unbewegliche Ohren sind ebenso typisch wie ein in Bewegungsrichtung ausgerichteter Kopf, ein angespannter, fester Rücken und eine unterhalb der Kruppe positionierte oder sogar eingezogene Rute.

Vierter Funktionskreis: devot

Der Hund meidet direkten Blickkontakt. Oft blitzt in dieser Situation auch das Weiß des Auges auf. Das Maul kann geschlossen sein, öfter ist aber starkes Belecken der Lefzen zu beobachten. Die Ohren liegen eng am Kopf an und sind ganz fest. Der Hund zeigt wiederholtes Absenken des Kopfes und duckt sich ab. Der Rücken ist nun häufig nach oben gewölbt. Die Rute senkt sich deutlich ab. Oft klemmt sie nun auch fest zwischen den Hinterbeinen.

Fünfter Funktionskreis: Drängen

Die Augen des Hundes richten sich auf das Ziel seiner Bedrängung. Das Maul ist – abhängig vom Erregungszustand – geöffnet oder geschlossen. Die Ohren können sowohl nach vorne als auch nach hinten gerichtet sein, die Beweglichkeit bleibt bei beiden Varianten erhalten. Der Kopf ist auf das fokussierte Ziel ausgerichtet. Der Rücken ist – abhängig von der Intention des Hundes – weich und beweglich oder fest und steif. Die genaue Absicht des Hundes wirkt sich auch auf die Rute aus, die er meist aus dem Ansatz heraus bewegt, die aber auch steif und aufgerichtet sowie eine Verlängerung der Rückenlinie sein kann.

Sechster Funktionskreis: aggressive Abwehr

Der Blick des Hundes ist starr. Sind die Pupillen zudem verkleinert, dann zeigt der Hund offensives Drohverhalten. Geweitete Pupillen sprechen eher für defensive Absichten. Sind die Maulwinkel rund und geschlossen, droht der Hund offensiv. Ein geöffnetes Maul und lange, schmale Maulwinkel signalisieren eine defensive Drohbereitschaft. Der Kopf ist bei der offensiven Abwehr starr nach vorne gerichtet, oft

auch leicht abgesenkt. Die defensive Abwehr ist durch einen zur Seite gewandten oder nach oben gestreckten Kopf gekennzeichnet. Ein steifer, starrer, unbeweglicher Rücken, der in allen Bereichen Anspannung zeigt, ist ein weiteres Merkmal der aggressiven Abwehr. Dazu gehört auch die nach oben erhobene Rute bei der offensiven Drohung und die unterhalb der Kruppe befindliche oder eingeklemmte Rute bei der defensiven Drohung.

PASSIVE UNTERORDNUNGSBEREITSCHAFT SIGNALISIEREN

Es gibt bestimmte körpersprachliche Signale, mit denen ein Hund seine passive Unterordnungsbereitschaft ausdrückt. Auch diese Form der Unterordnungsbereitschaft ist individuell mit den Funktionskreisen „devot" und „passiv" verbunden. Dicht an den Kopf gelegte Ohren und – abhängig vom jeweiligen Anspannungszustand – entspannte oder fest lang gezogene Lefzen sind charakteristisch für diesen Gemütszustand. Außerdem wendet der Hund den Blick ab und trägt die Rute locker unterhalb der Kruppe oder klemmt sie zwischen den Hinterbeinen ein. Das Ablegen auf die Seite oder sogar auf den Rücken sind ebenfalls typische Signale für eine passive Bereitschaft zur Unterordnung. In dieser Situation bewegt sich der Hund fast gar nicht mehr. Seine Beine verharren ruhig, wie auch der Kopf. Er wartet regungslos ab und überlässt die Entscheidung des weiteren Situationsverlaufs dem dominanten Hund. Lässt dieser erneut Harmonie zu, indem er die angespannte Situation entschärft, kehrt langsam wieder Bewegung zurück in den Körper des untergeordneten Artgenossen. Diese Schritte verlaufen mit allergrößter Vorsicht, weil sich der untergeordnete Hund erst einmal genau versichert, ob sein dominantes Gegenüber auch wirklich mit der Situation abschließt oder doch noch Disharmonie droht.

DIE ROLLE DES RUDELVERHALTENS

Eigentlich eine ganz klare Situation, die jedoch oft einer falschen Einschätzung unterliegt: Hundehalter berichten immer wieder von vermeintlichen Übergriffen auf Hunde, die doch schon bereits am Boden lagen. „Und der andere ist trotzdem einfach drauf gegangen!", lautet die fassungslose Aussage. Dieses Verhalten tritt auf, wenn der untergeordnete Hund nicht wirklich regungslos am Boden liegt, sondern sich weiter bewegt, was keine echte Unterordnungsbereitschaft signalisiert und den dominanten Part zu neuer Druckausübung motiviert.

Tatsächlich kommt es mitunter aber auch vor, dass ein dominanter Hund einen am Boden liegenden Artgenossen weiter attackiert, obwohl sich dieser nicht bewegt. Die Begründung hierfür liegt im Rudelverhalten. Das Einstellen der Attacke erfolgt in der Regel nur in einem Rudel mit klarer Rollenverteilung der einzelnen Mitglieder.

Im Alltag treffen jedoch meistens Hunde aufeinander, die sich nicht kennen. Folglich gibt es zwischen ihnen auch keine etablierten sozialen Bindungen. Leben hingegen mehrere Hunde in einem Haushalt, ist das rudelbezogene Verhalten häufiger zu beobachten als bei Hunden, die sich zufällig auf der Straße treffen. Wer das versteht, lässt seinen Hund während des Spaziergangs nicht einfach ungefragt auf andere Hunde zulaufen, weil das unter Umständen zur Eskalation führt.

AKTIVE UNTERORDNUNGSBEREITSCHAFT SIGNALISIEREN

Die Bereitschaft zur aktiven Unterordnung geht mit den Funktionskreisen „Flucht" und „devot" einher. Dicht an den Kopf gelegte Ohren sind ein typisches Signal für diese Situation wie auch das Abwenden des Blicks. Ein zur aktiven Unterordnung bereiter Hund zeigt seinem Gegenüber die Schulter und senkt seine Rute auf eine Position unterhalb der Kruppe ab. Soweit die Basis der wichtigsten Körpersignale, auf der es jedoch eventuell einen weiteren Aufbau anderer körpersprachlicher Signale gibt. So erfolgt oft ein Einziehen der Rute und der Hund wendet sich komplett von seinem Gegenüber ab, um schließlich von ihm wegzulaufen. Dabei behält der untergeordnete Hund alle zuvor beschriebenen Körpersignale bei.

Das gezielte Berühren der Druckzone motiviert den Hund zum „Sitz".

So lässt sich ein „Platz“ einleiten.

Die Richtung des Weglaufens bestimmt übrigens der dominante Hund, indem er sie körpersprachlich vorgibt. In der Regel führt dieser Weg auch nicht am dominanten Hund vorbei, sondern stets von ihm weg. Auch das Tempo des Weglaufens variiert abhängig vom Druckaufbau des dominanten Parts. Umso mehr Druck er macht, desto schneller entfernt sich der untergeordnete Hund. Die Situation beruhigt sich analog zur Situation bei der passiven Unterordnungsbereitschaft. Sobald der dominante Hund eine Rückkehr zur Harmonie ermöglicht, ergreift der untergeordnete Part diese Chance. Dabei lässt er die größtmögliche Vorsicht walten, damit die Stimmung nicht gleich wieder umschlägt.

DRUCK INNERHALB DER HUNDEAUSBILDUNG

Druck ist für Hunde etwas ganz Normales. Das gilt auch für Pferde und viele andere Tiere, die in Rudeln, Herden oder anderen sozialen Verbänden miteinander leben und zurechtkommen. Bei ihnen ist Druck – im Gegensatz zum verbreiteten menschlichen Denken – nicht unbedingt negativ besetzt. Wir setzen Druck oft mit Zwang gleich und empfinden ihn somit als unangenehm. Für viele Tiere ist es jedoch völlig normal, durch Druck Distanz einzufordern und durch die Wegnahme des Drucks Nähe zuzulassen. Ein unausgebildeter Hund reagiert auf Druck erst einmal mit Gegendruck. So wie es beispielsweise auch Pferde machen. Dieses Verhalten ist angeboren. Das Nachgeben auf Druck ist ein Lernprozess, den das BTCS vermittelt. Anfangs erfolgt eine stärkere Druckausübung, die unmittelbar nachlässt, sobald der Hund die gewünschte Reaktion zeigt. Dadurch lernt er, dass sich Nachgeben lohnt, weil dann gleich der auf ihn ausgeübte Druck nachlässt. Diese Wahrnehmung verstärken wir zusätzlich durch ausgiebiges Loben des Hundes. Auf diese Weise erfolgt eine schrittweise Reduzierung des Drucks, bis der Hund schließlich bereits auf leichtesten Druck hin das erwünschte Verhalten zeigt.

Ein kurzes Praxisbeispiel veranschaulicht, wie Druck beim Umsetzen bestimmter Kommandos hilft. Beim BTCS legen wir die Finger auf die Kruppe des Hundes und üben Druck aus, damit sich der Hund hinsetzt. Mit Fingerdruck auf den Nacken führen wir den Hund in eine liegende Position. Das sind Beispiele für Druck durch direkten Körperkontakt. Eine weitere zum BTCS gehörende Form ist der indirekte Druck, der durch körpersprachliche Signale auch über Distanz zum Erfolg führt. Dieser Druck erfolgt in verschiedenen Intensitätsabstufungen und wirkt so individuell dosiert auf den Hund ein.

Druckausübung erfolgt an verschiedenen Stellen des Hundekörpers, den wir im BTCS in fünf unterschiedliche Zonen einteilen:

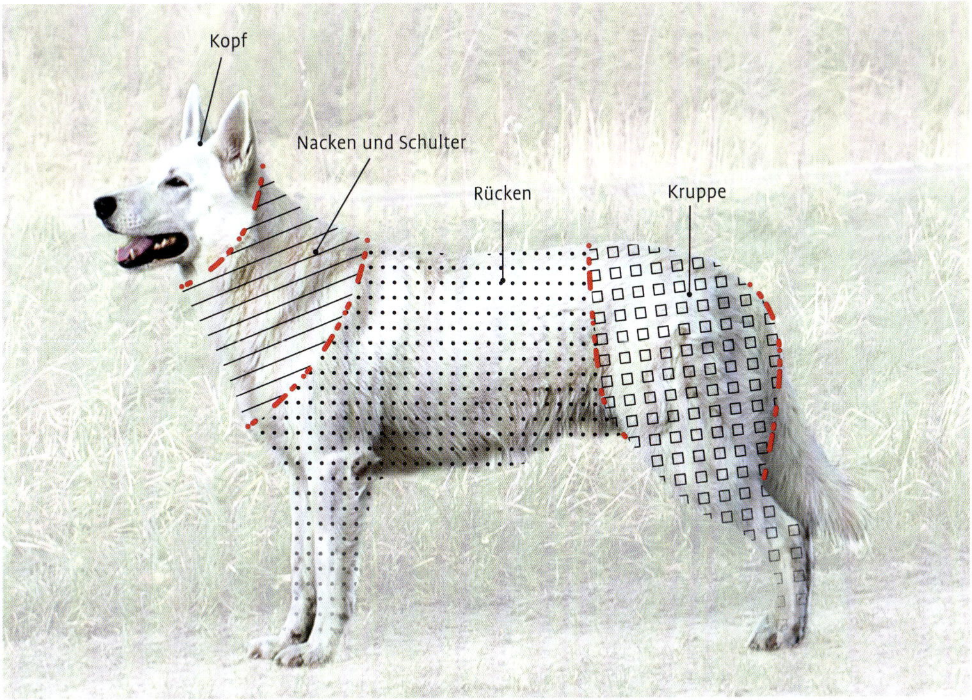

Noch einmal zurück zur oben erwähnten Verknüpfung von Druck und Zwang. Für viele Menschen ist Zwang etwas Negatives. Innerhalb des BTCS sehen wir Zwang jedoch auch als Element im Spiel mit den Realitäten. Zwang herrscht in der Situation, in der unser Hund keine andere Wahl hat, als das zu tun, was wir von ihm verlangen. Auch das Halsband und die Leine dienen letztendlich der Zwangsausübung. Sie schränken den Bewegungsradius des Hundes ein, bestimmen seine Laufrichtung, zwingen ihn zum Anhalten und wirken sich in vielen weiteren Bereichen auf seine Verhaltensmöglichkeiten aus.

Auch das Füttern des Hundes steht aus unserer Sicht in direktem Zusammenhang mit Zwang. Der Hund ist abhängig von unserer Futtergabe. Erhält er von uns keine Nahrung, würde er womöglich verhungern. Manche trainieren Hunde, indem

Aus dem „Platz“ lässt sich auch eine seitliche Drehung einleiten.

sie nur Nahrung verabreichen, wenn der Hund erwünschtes Verhalten zeigt. Das ist eine massive Ausübung von Zwang und innerhalb des BTCS undenkbar. Dennoch kommt auch bei uns Druck zum Einsatz. So wirken wir gezielt im Rahmen eines direkten Gesprächs auf den Hund ein, um unerwünschtes Verhalten zu korrigieren. Diese Druckeinwirkung ist weder mit Zwang noch mit Gewalt gleichzusetzen. Druck und Zwang sind ganz bewusst voneinander zu unterscheiden. Zwang lässt dem Hund keine andere Wahl, als wie vom Menschen gefordert zu reagieren. Dabei muss er die Forderung nicht verstehen. Druck ist für den Hund ein berechenbares Signal, das er aus dem natürlichen innerartlichen Verhalten kennt. Für ihn ist es ganz natürlich, mit Druck umzugehen. Er hat die entsprechenden Antworten darauf. Bei Zwang ist das nicht der Fall. Der Einsatz von Halsband und Leine gehört für uns allerdings zu einer legitimen Form des Zwangs.

Gewalt ist hingegen kein legitimes und auch kein sinnvolles Mittel der Hundeerziehung. Hunde verstehen Gewalt nicht und sie widerspricht dem respektvollen Umgang mit einem Sozialpartner. Gewalt schafft Angst und gehört deshalb keinesfalls zu den Werkzeugen einer zielorientierten Kommunikation zwischen Sozialpartnern.

WESHALB ZEIGT DER HUND UNERWÜNSCHTES VERHALTEN?

Mithilfe des BTCS können wir lernen, Reaktionen des Hundes anhand der sechs verschiedenen Verhaltensmöglichkeiten einzuordnen. Danach reflektieren wir, ob das Verhalten des Hundes unseren Wünschen entspricht oder nicht. Ein Praxisbeispiel zur Erläuterung: Der Hund reagiert auf unsere Ansprache passiv. Er ist teilnahmslos und ignoriert uns einfach. Wir wünschen uns aber einen aufmerksamen Blick, der Kommunikationsbereitschaft signalisiert. Nun überlegen wir, weshalb Realität und Wunschdenken so sehr voneinander differieren. Dabei ist der erste Schritt zu überlegen, ob eventuell einer der drei häufigen Gründe für unerwünschtes Verhalten vorliegt:

Gesundheitliche Schwierigkeiten: Der Hund hat Beschwerden und kann das gewünschte Verhalten deshalb nicht umsetzen.

Mangelnde Kommunikation: Der Mensch drückt sich für den Hund unmissverständlich aus.

Beziehungskrise: Respekt und Vertrauen sind nicht im Gleichgewicht. Die Vorstellungen des Hundes unterscheiden sich von denen des Menschen. Ist die Ursache des unerwünschten Verhaltens erst klar, greifen die Maßnahmen des BTCS. Das kann das detaillierte Üben einer klaren Körpersprache sein oder der Einsatz von einladenden Hilfen und Lob sowie von treibenden Hilfen, die Abgrenzbarkeit einfordern.

BTCS – die praktische Anwendung

Die wichtigsten Lektionen

Soweit die Theorie. Doch erst die Praxis macht das BTCS zu dem, was es ist. Also ran an die Arbeit und auf zu einem Training, das Ihr Leben mit Hunden harmonischer machen wird.

Die BTCS Ausbildungsskala

Das Wollen

1. **Innere Haltung**
   Losgelassenheit,
   Balance zwischen
   Respekt & Vertrauen
2. **Lobbarkeit**
   *unmittelbar**
   infantiles Spiel
   ruhiges Genießen
3. **Störbarkeit**
   *unmittelbar**
   Verhalten abbrechen/unterbrechen, Konzentrationsvermögen
4. **Ansprechbarkeit**
   *unmittelbar**
   Gesprächsbereitschaft
5. **Abgrenzbarkeit**
   *unmittelbar**
   höflicher Distanzaufbau

Das Können

6. **Inhaltliche Antwort**
   *unmittelbar**
   korrekte Ausführung der geforderten Aufgabenstellung
7. **Spezialisierte Anforderungen**
   Auf Grundlage der ersten 5 Punkte in der Ausbildungsskala erreichten Qualitäten können nun auch erfolgreich Leistung auf hohen Distanzen mit starker Ablenkung abgefragt werden.

*unmittelbar: zwei bis drei Sekunden Reaktionszeit (abhängig von der Rasse)

Jeder, der seinen Hund ausbildet, verfolgt dabei ein bestimmtes Ziel. Dieses Ziel variiert womöglich von Hundehalter zu Hundehalter, dennoch gibt es immer eine bestimmte Absicht und eine Vorstellung davon, was der Hund im Rahmen dieser Ausbildung lernen soll. Um vom Wunsch hin zur Erfüllung der Zielsetzung zu gelangen, bedarf es eines Plans. Ohne diesen Plan misslingt das Projekt höchstwahrscheinlich, unabhängig davon, ob die Ausbildung des Hundes durch seinen Halter oder durch einen professionellen Hundetrainer erfolgt.

Ein junger Hund, der noch keinerlei Erfahrungswerte mitbringt, ist mit einem unbeschriebenen Blatt vergleichbar, auf dem wir unsere ganz persönliche Geschichte niederschreiben können. Das ist eine wunderschöne Möglichkeit und gleichzeitig auch eine sehr große Verantwortung. Damit die Ausbildung des Hundes von Anfang an strukturiert verläuft, legt das BTCS eine Ausbildungsskala zugrunde, die Hundeausbildung von Anfang an in eine sinnvolle Struktur einbettet und dem Ausbilder dabei hilft, diese Struktur auch einzuhalten.

RÜCKRUF

Es dürfte wohl kaum einen Hundehalter geben, der sich nicht wünscht, dass sein Hund aus jeder erdenklichen Situation zuverlässig abrufbar ist. Egal, ob er gerade mit Artgenossen spielt, ein Reh im Wald erblickt, ein weggeworfenes Salamibrötchen am Straßenrand erspäht oder gerade andere Dinge plant. Der sichere Rückruf ist prak-

Die Erziehung eines Hundes bringt viel Verantwortung mit sich.

Ein Hund sollte zuverlässig abrufbar sein.

tisch und eine wichtige Sicherheitsmaßnahme, damit unser Hund nicht unnötig in riskante Situationen gerät oder gar andere gefährdet. Doch wie funktioniert das?

Die Grundvoraussetzung für den sicheren Rückruf ist die exakte Kontrolle von Nähe und Distanz. Die ergibt sich aus den in den vorherigen Kapiteln aufgeführten Säulen der Ausbildung nach dem BTCS: die Aspekte der Antwort, die drei Gründe für Fehler sowie die sechs Verhaltensmöglichkeiten des Hundes. All das sind Grundlagen. Um einen sicheren Rückruf zu gewährleisten, muss ich in der Lage sein, den angeleinten Hund aus einer Distanz von ca. zwei Metern jederzeit in die Ansprechbarkeit zu lenken und damit ein aktives Angebot des Hundes einzufordern. Dazu gehört auch die Überprüfung der zuvor bereits erklärten Ausbildungswerkzeuge „einladende und treibende Hilfen".

Stimmen diese Voraussetzungen, ist das Training des sicheren Rückrufs relativ einfach: Zuerst üben wir mit einer zwei Meter langen Leine, dann mit einer fünf Meter langen. Beide Leinen halten wir in dieser Phase noch in der Hand. Nun sprechen wir den Hund mit sanfter, leiser Stimme an und laden ihn ein, zu uns zu kommen. Jetzt gilt es zu beobachten, welche der sechs ihm zur Verfügung stehenden Verhaltensweisen er zeigt. Die korrekte Antwort wäre, unmittelbar mit höflichem Blick zu reagieren. Auch sollte er sich unmittelbar zu uns hinbewegen und mit seiner gesamten Körperhaltung ein aktives Angebot ausstrahlen. Gelingt das, ist ein wichtiger Schritt vollbracht. Der Hund verdient ein Lob, bei dem wir die verschiedenen Phasen des Lobs berücksichtigen. Diese Phasen haben wir im vorderen Teil des Buches bereits thematisiert (siehe Seite 55). Hier nochmals eine kurze Zusammenfassung.

Vielleicht kommt der Hund aber auch nicht zurück, sondern zeigt eine andere seiner insgesamt sechs verschiedenen Verhaltensmöglichkeiten. Ein weniger erfreulicher Effekt, aber kein Grund zur Verzweiflung. Die erste Frage gilt der Überlegung, weshalb der Hund unerwünschtes Verhalten zeigt. Dabei gehen wir die bereits aufgeführten drei möglichen Gründe durch: Könnte ein gesundheitliches Problem Ursache des Fehlverhaltens sein? Besteht womöglich ein Kommunikationsproblem und der Hund versteht überhaupt nicht, was ich von ihm will? Ist meine Körpersprache womöglich unklar? Oder handelt es sich um ein Beziehungsproblem und der Hund

Die vier Phasen des Lobs

- **Phase 1:** Es erfolgt eine stillschweigende Bestätigung. Wir belohnen den Hund mit einem freundlichen Blick.
- **Phase 2:** Wir streichen den Hund ganz sanft vom Nasenrücken bis zum Schulterblatt hinab mit den Händen ab.
- **Phase 3:** Nun erweitern wir das Abstreichen über den Rücken bis hin zur Kruppe.
- **Phase 4:** Nun lassen wir engen Körperkontakt zu. Zärtliches Kuscheln und sogar auf den Schoß klettern sind erlaubt.

Rückruf-Training

Das Training erfolgt zuerst an einer zwei Meter langen Leine und in einer ablenkungsarmen Umgebung. Danach setzt sich das Training mit einer fünf Meter langen Leine – noch immer in einer ablenkungsarmen Umgebung – fort. Gelingt auch das, folgen Übungen mit der Zwei-Meter-Leine in einer ablenkungsstärkeren Umgebung und schließlich Übungen an der fünf Meter langen Leine unter gesteigertem Reizeinfluss.

teilt nicht meine Interessen? Ist Letzteres der Fall, gilt es einen Weg zu finden, den Hund von unseren Interessen zu überzeugen. Vielleicht braucht er mehr Lob, um den Weg hin zur Lösung (dem aktiven Angebot) zu finden.

Solche Situationen treten auf, wenn das Gleichgewicht von Respekt und Vertrauen gestört ist und es an Vertrauen mangelt. Dann kommen die einladenden Hilfen zum Einsatz, die das Vertrauen des verunsicherten Hundes wieder stärken. Womöglich bedarf es aber auch einer ausgeprägteren Kritik. Damit rückt das Thema der Abgrenzbarkeit in den Fokus. Ist mangelnder Respekt die Ursache für das Fehlverhalten, tritt das Ausbildungswerkzeug der treibenden Hilfe in den Vordergrund. Ein durchlässiger Hund, der das Nachgeben ebenso beherrscht wie den konstruktiven Umgang mit Kritik, sollte auf eine treibende Hilfe mit einer aktiven Unterordnungsbereitschaft reagieren. Gelingt dies, wiederholt man den Ablauf nochmals und leitet ihn mit einer freundlichen Einladung ein. Reagiert der Hund mit einem Angebot, ist das Ziel erreicht.

KORREKTES VORSITZEN

Das korrekte Vorsitzen leitet sich direkt aus der Rückrufübung ab. Dabei handelt es sich um eine sehr wichtige Konzentrationsübung. Der Hund sollte möglichst nah, mit gerade ausgerichtetem Körper und direktem Blickkontakt vor seinem Halter sitzen. Der Hund muss sich wirklich zu 100% auf seinen Menschen konzentrieren und von nichts ablenken lassen. Das gilt auch für Situationen mit extrem hohen Ablenkungsfaktoren. Das gelingt nicht? Dann ist es wieder Zeit für unsere Überprüfung: Macht uns die Gesundheit des Hundes einen Strich durch die Rechnung? Ist unsere Körpersprache zu undefiniert? Das ist sogar sehr wahrscheinlich, wenn der Hund das korrekte Vorsitzen verweigert. Gerade beim korrekten Vorsitzen bedarf es einer absolut eindeutigen Körpersprache des Zweibeiners. Manchmal verbirgt sich aber auch in dieser Situation ein Beziehungsproblem hinter dem offensichtlichen Mangel an Bereitschaft. Nach der Ursachenüberprüfung folgt die Fehleranalyse wie bereits beim sicheren Rückruf beschrieben.

Korrektes Vorsitzen: Jetzt bloß nicht ablenken lassen.

SITZ!

Die sichere Ausführung einer sitzenden Position auf ein Signal des Halters hin ist nicht nur praktisch, sondern bildet auch die Basis für zahlreiche weitere Übungen. Das „Sitz" erzielen wir durch die Schulung des Nachgebens auf direkten Druck. Dazu drücken wir mit einer Hand auf die Kruppe des Hundes und geben gleichzeitig mit der anderen Hand das Zeichen für „Sitz". Sobald der Hund eine sitzende Position einnimmt, streichen wir ihn ab und loben ihn. Zur Festigung dieses Ablaufs kombinieren wir das Lob mit dem Stimmsignal „Fein Sitz". Alternativ kommt auch jedes weitere erdenkliche Stimmsignal in Betracht. Allerdings sollten Sie zukünftig konsequent beim einmal gewählten Signal bleiben, um den Hund nicht zu verwirren.

DAS ABLEGEN

Das sichere Ablegen des Hundes ist in vielen Alltagssituationen hilfreich. Es befähigt den Hund dazu, in Ruhe zu warten. Auch lässt er sich damit stoppen und in eine passive Grundhaltung lenken. Das BTCS unterteilt die hierfür erforderliche Übung in drei Teile: Der erste Teil konzentriert sich auf das Ablegen des Hundes direkt vor seinem Besitzer. Der zweite Teil besteht im Liegenbleiben an einer dafür vorhergesehenen Stelle, während sich der Hundehalter von seinem Vierbeiner entfernt. Der dritte Teil ist das Ablegen des Hundes auf Distanz aus der Bewegung heraus.

Ablegen in direkter Nähe des Menschen

Diese Übung beginnt mit der Schulung des Nachgebens auf Druck – und zwar in allen zuvor erwähnten fünf Körperzonen des Hundes. Der Hund sollte auf leichten Druck, der mit nur zwei Fingern ausgeübt wird, mit Nachgeben reagieren. Dazu drücken wir mit unseren Fingern zunächst auf die Kruppe. Das sollte den Hund zu einer sitzenden Position veranlassen. Dann wechseln unsere Finger zum

In der liegenden Position wird der Hund mit „Fein Platz" gelobt.

Das kann auch mal auf Augenhöhe sein.

Hals-Nacken-Bereich, kurz vor dem Schulterblatt des Hundes. Die andere Hand gibt gleichzeitig das Signal für „Platz“. Wir üben solange Druck aus, bis der Hund nachgibt und sich hinlegt. Liegt er, lässt der Druck unmittelbar nach und wir streichen unseren Vierbeiner ab.

Das Kommando für Platz geben wir dem Hund genau in dem Moment, in dem er gerade auf den Druck hin nachgibt und sich im Übergang zur liegenden Position befindet. Das machen wir solange, bis er die liegende Position auch tatsächlich einnimmt. Zur Festigung kombinieren wir das Kommando mit dem Stimmsignal „Fein Platz“. Eine Wiederholung dieser Übung erfolgt, bis der Hund sich auch ohne Druckhilfe hinlegt – ausgelöst durch das Stimmsignal in Kombination mit dem entsprechenden Handzeichen. Ab diesem Zeitpunkt gilt das kommunikative Lernziel des ersten Teils als erreicht. Der Hund versteht, was wir von ihm wollen. Verweigert er später dennoch die Ausführung des bereits verstandenen Ablaufs, erfolgt unsere bewährte Fehleranalyse. Liegt die Ursache für das unerwünschte Verhalten in einem Beziehungsproblem begründet, fragen wir uns, welches der beiden Ausbildungswerk-

Der schlaue Theo

Eigentlich gibt es kein falsches Hundeverhalten. Es ist vielmehr so, dass wir gewisse Verhaltensweisen in bestimmten Situationen nicht wünschen. Es liegt an uns, dem Hund zu vermitteln, wann wir welche Verhaltensweise sehen wollen und wann nicht.

zeuge, „einladende oder treibende Hilfen", nun zielführend ist. Bei mangelndem Vertrauen des Hundes ist die einladende Hilfe angebracht. Bei mangelndem Respekt die treibende Hilfe. Ist die treibende Hilfe erforderlich, zählt der korrekte Ablauf. Erst wenn der Hund die richtigen Reaktionen auf die treibende Hilfe zeigt, beginnt auch das erneute Training des Ablegens.

Ablegen an einer bestimmten Stelle

Nun lernt der Hund, sich an einer vom Halter ausgewählten Stelle hinzulegen und dort liegend abzuwarten, während sich sein Halter entfernt. Der erste Schritt des Trainings besteht darin, den Hund mit dem bereits erlernten Signal für „Platz" abzulegen. Liegt er, entfernt sich der Trainer nun im Rückwärtsschritt von seinem Hund, bleibt ihm dabei aber stets direkt zugewandt. Hier zahlt sich lang-

Der schlaue Theo

Während des Lobens soll der Hund liegen bleiben und nicht schon aufspringen.

Erfolgreiche Distanzkontrolle.

Der schlaue Theo

Sämtliche Kommandos, die der Hundehalter gibt, bewahren solange Gültigkeit, bis wir sie durch ein Auflöse-Kommando – wie zum Beispiel „Auf! O.k.!" – auflösen. Das macht bei der Dauerablage die Festlegung eines speziellen Bleib-Kommandos überflüssig.

sames Vorgehen besser aus als übertriebener Ehrgeiz. Anfangs genügt ein einzelner Schritt, dann wagt man zwei, dann drei – bis der Hund auch eine Vielzahl von Schritten regungslos abwartet. Nach jedem einzelnen Trainingsabschnitt kehrt der Halter zu seinem Hund zurück und lobt ihn für das Liegenbleiben.

Hier sollten wir wieder auf die Einhaltung der einzelnen Lobphasen achten. Das Training verläuft in zwei Phasen: Während der gesamten ersten Phase bleibt der Mensch dem Hund zugewandt und bewegt sich rückwärtsgehend vom Hund weg. Erst wenn das auch bis hin zu einer größeren Distanz hin funktioniert, beginnt der Trainingsabschnitt, in dem sich der Halter vom Hund abwendet und dann von ihm entfernt. Auch in dieser Phase ist langsames, schrittweises Vorgehen sinnvoll. Erhebt sich der Hund, folgen Fehleranalyse und gezielte Ursachenbearbeitung.

Ablegen auf Distanz aus der Bewegung

Für eine funktionierende Beziehung zwischen Mensch und Hund ist die Beeinflussung des Vierbeiners auch aus größerer Distanz wichtig. Deshalb ist die Ablage auf Distanz eine sinnvolle Übung, die innerhalb des BTCS eine besondere Bedeutung genießt. Zum einen sagt ein korrektes Ablegen auf Distanz viel Positives über die Beziehung des Hundes zu seinem Menschen aus, zum anderen gibt es viele Alltagssituationen, in denen dieses Kommando nützt. So können wir unseren vorauslaufenden Familienhund, dem wir mit dem Fahrrad folgen, aus Distanz ablegen, wenn ihm Spaziergänger entgegenkommen. Auch bei jagdlichen Prüfungen oder Hütehund-Wettbewerben ist die Distanzkontrolle von übergeordneter Bedeutung.

Eine sichere Ablage ist Grundvoraussetzung für das Erlernen des Ablegens auf Distanz und die Akzeptanz eines körpersprachlichen Hilfssignals, das den Hund zum Stoppen veranlasst. Dieses Signal bauen wir folgendermaßen auf: Der Hund läuft auf uns zu und wir stellen uns ihm mit einer klar begrenzenden Körperhaltung entgegen. Hält der Hund an, loben wir ihn unmittelbar mit der Stimme und nehmen eine entspannte Grundhaltung ein.

Danach geht es weiter mit dem Aufbau des Kommandos für die Ablage auf Distanz. Dafür nehmen wir den Hund zuerst an die Schleppleine. Er soll in einer

Gehorsam lässt sich auch an Orten trainieren, die dem Hund Geschick abverlangen.

gewissen Distanz zu uns laufen. Dann erfolgt das Kommando für „Platz". Führt es der Hund aus, loben wir ihn. Läuft er auf das Platz-Kommando hin jedoch zu uns zurück, um sich – wie zuvor erlernt – in unserer direkten Nähe abzulegen, erfolgt ein erstes Störsignal in Form eines überzeugenden, verbalen „Hey!" in Kombination mit dem oben beschriebenen körperlichen Stopp-Signal. Wir begrenzen den Hund gezielt und verdeutlichen ihm, dass keine Annäherung erwünscht ist. Stoppt der Hund daraufhin, wiederholen wir das freundliche Platz-Kommando. Legt sich der Hund nun hin, loben wir ihn aufrichtig und bestätigen ihn durch Zuspruch.

Verhält sich der Hund nicht wie erwünscht, erfolgt die bewährte Fehleranalyse mit den bekannten, auf die jeweilige Ursache bezogenen Korrekturen. Setzt sich der Hund aufgrund von mangelndem Respekt über die Begrenzung hinweg, erfolgt die Korrektur durch die treibende Hilfe. Nimmt er das Stopp-Signal an, erfolgt eine erneute, freundliche Aufforderung „Platz", die ihn zum Ablegen motiviert.

LEINENFÜHRIGKEIT

Innerhalb des BTCS finden zwei Leinenarten Anwendung: eine zwei Meter lange Führleine, ohne Zusatzkarabiner und Handschlaufe sowie eine fünf Meter lange Schleppleine – ebenfalls ohne Zusatzkarabiner oder Handschlaufe. Leinenführig ist für uns ein Hund, der an einer lockeren Leine an der linken Seite seines Menschen (rechts ist allerdings auch möglich!) läuft. Die Nase des Hundes sollte dabei nicht über die Fußspitze des Menschen hinausreichen, sondern höflich dahinter bleiben. Wir bauen die Leinenführigkeit folgendermaßen auf:

Alles beginnt mit einer stehenden Position. Wir stehen und der Hund steht auf der linken Seite neben uns. Nun erfolgt freundliches Loben durch Abstreichen und die Wiederholung des Fuß-Kommandos, während der Vierbeiner neben uns in der korrekten Grundposition verweilt. Funktioniert das zuverlässig, ist Zeit zum Loslaufen. Allerdings erst ganz langsam und mit sofortigem Loben des Hundes, wenn er die Grundposition einhält. Anfangs erfolgt das in sehr kurzen Intervallen. Wenige Schritte reichen in dieser Lernphase vollkommen aus.

Der schlaue Theo

Zu schnelle und zu viele Bewegungen motivieren den Hund zum Vorauslaufen. Deshalb anfangs unbedingt auf ruhige und langsame Bewegungen des eigenen Körpers achten.

Eine durchlässige Ansprechbarkeit des Hundes ist eine Grundvoraussetzung für die zuverlässige Leinenführigkeit. Nur ein aktiv ansprechbarer Hund verspricht den erwünschten Erfolg. Das bereits erfolgte Training des Vorsitzens und des Rückrufes sollte die für die Leinenführigkeit erforderliche Konzentrationsfähigkeit mit sich bringen. Ein korrekt an der Leine laufender Hund hat einen stark begrenzten Bewegungsradius. Der Hund muss sich stark konzentrieren, um diesen Radius nicht zu verlassen. Diese

Kurze oder lange Leine? Das hängt ganz vom Ausbildungsstand des Hundes und der jeweiligen Situation ab.

anspruchsvolle Anforderung kann er nur erfüllen, wenn seine Ansprechbarkeit, die durchlässige Gesprächsbereitschaft und die Abgrenzbarkeit zuvor fest verankert wurden. Stimmen all diese Voraussetzungen, dann führen die präzise Navigation durch den Hundeführer und der Einsatz des Lobens bei korrekter Positionshaltung in der Bewegung zum Einhalten des vorgegebenen Rahmens.

Verlässt der Hund dennoch diesen Rahmen, korrigieren wir ihn durch die gezielte Abgrenzung der treibenden Hilfe. All das, nachdem die Fehleranalyse und die Abwägung der angemessenen Ausbildungswerkzeuge erfolgt ist. Ist eine treibende Hilfe erforderlich, erfolgt sie entgegen der Laufrichtung, die der Hund wählt. Reagiert er korrekt auf diese treibende Hilfe, indem er aktive Unterordnungsbereitschaft signalisiert, bitten wir den Hund erneut freundlich in die „Fuß"-Position. Eventuell ist nun eine kleine Hilfestellung erforderlich, zum Beispiel ein leichtes Klopfen auf die Außenseite unseres Oberschenkels, um dem Hund die erwünschte Position zu verdeutlichen. Nimmt er diese ein, erfolgt ein Lob.

Welpen – erste Schritte mit dem BTCS

Kooikerhondje (links) oder süßer Mix (rechts)?

Jede Rasse ist anders

Die Erziehung eines Hundes beginnt im Idealfall bereits im Welpenalter. Denn dann lässt sich die Basis für das weitere Zusammenleben am einfachsten etablieren.

Welpen sind ganz zauberhafte Wesen. Der Tag, an dem sie in unser Leben treten, verändert alles. Zu diesem Zeitpunkt liegen die ersten Entwicklungsphasen bereits hinter unserem Welpen. Wir sollten wissen, welche das sind, um unser neues Familienmitglied besser zu verstehen, bevor es gemeinsam an die weitere Erziehung und Ausbildung geht.

Die Entwicklungsphasen des Welpen sind genetisch festgelegt. Wir unterscheiden folgende Phasen:

1. Neonatale Phase
2. Übergangsphase
3. Sozialisations- und Habituationsphase

Die **neonatale Phase** verläuft in den ersten beiden Lebenswochen des Welpen. Der Geruchs- und Geschmackssinn sind zu diesem Zeitpunkt bereits ausgebildet, was ebenso sinnvoll ist wie das alterstypische Pendeln des Kopfes und die Suche nach Wärme. Das Pendeln hilft bei der Suche nach der Milchzitze, so wie auch das Wahrnehmen des Pheromons, das die Mutterhündin aussendet und das der Welpe bereits aus der Gebärmutter kennt. Das Bedürfnis nach Wärme hält den Welpen in der Wurfkiste, wo er die Nähe von Mutter und Wurfgeschwistern spürt. Ein wichtiger Sicherheitsfaktor in einer Zeit, in der ein Welpe noch völlig wehrlos ist.

Mit der dritten Lebenswoche beginnt die **Übergangsphase**. Nun erlebt der Welpe zum ersten Mal das große Abenteuer des Sehens und Hörens. Plötzlich reagiert er auf akustische und visuelle Reize, was seine Wahrnehmungsmöglichkeiten deutlich ausweitet. Die Wärmeregulierung des Körpers funktioniert nun auch ohne Nestnähe, was die Selbstständigkeit erheblich erhöht. Da der Welpe jetzt auch seine großen und kleinen Geschäfte eigenständig verrichtet, beginnen viele Züchter zu diesem Zeitpunkt bereits mit einem altersgemäßen Stubenreinheitstraining. Auf dieser Grundlage ist die Stubenreinheit im neuen Haushalt später ein Kinderspiel.

Ab dem 21. Lebenstag bis zur 12. oder sogar 14. Woche ist der Welpe in der **Sozialisations- und Habituationsphase**. Das ist die wichtigste Phase für das spätere Verhalten als ausgewachsener Hund. In dieser Zeit sollte man Welpen an möglichst viele Umweltreize gewöhnen, ohne dabei jedoch zu übertreiben, was den Kleinen überfordern könnte. Wichtig sind positive Erfahrungen in einem sicheren Umfeld. Die Zeit zwischen der dritten und fünften Lebenswoche ist ideal, um Welpen an Reize zu gewöhnen, die sie später mit Entspannung in Verbindung bringen sollen. Denn in diesen drei Wochen sind Welpen – neurologisch bedingt – ganz besonders angstfrei.

GEWÖHNEN, ABER NICHT ÜBERFORDERN

Verantwortungsvolle Züchter gewöhnen Welpen in der Zeit vor der Abgabe an die neue Familie an viele Reize des Haushalts. Dazu gehören das Brummen des Staubsaugers, der Fernseher, das Klingeln an der Tür, der Küchenmixer und vieles mehr. Diese Geräusche speichert der Welpe für immer in sich ab und verbindet sie später mit einem Gefühl der Geborgenheit. Das ist wichtig für seine Ausgeglichenheit im neuen Haushalt und hilft dabei, dem Hund vorübergehendes Alleinebleiben im Haus zu erleichtern. Wobei Hunde generell nicht regelmäßig mehrere Stunden täglich alleine zu Hause bleiben sollten. Wer das aus beruflichen oder anderen Gründen nicht gewährleisten kann, sollte vielleicht besser auf die Anschaffung eines Hundes verzichten oder in der Zeit seiner Abwesenheit für eine liebevolle Betreuung seines Vierbeiners sorgen.

Welpen sollten viel Neues erleben, dabei aber nicht überfordert werden.

Für alles andere gilt: Den Welpen bitte nicht überfordern. Bieten Sie neue Eindrücke an, wenn der Hundenachwuchs gerade fit und unternehmungslustig ist. Zerren Sie ihn nicht aus dem Hundebettchen, wenn er gerade ruht oder schläft. Welpen brauchen ihre Ruhe- und Erholungsphasen dringend, um Erlebtes zu verarbeiten und neue Kräfte zu sammeln. Bei allem Neuen sollten Sie immer in ganz kleinen Schritten vorgehen und dem Welpen genügend Zeit lassen, sich mit der Situation auseinanderzusetzen.

WELPENWAHL

Bei der Auswahl des Welpen sollte jeder zuvor genau darüber nachdenken, welcher Hund zum eigenen Lebensstil passt. Das ist ganz und gar keine egoistische Überlegung, sondern eine Grundvoraussetzung, damit Sie auch auf die Bedürfnisse des Vierbeiners eingehen und ihm ein artgerechtes Leben ermöglichen können.

Es gibt sehr große rassespezifische Unterschiede, die sich am besten aus dem ursprünglichen Einsatzgebiet einer Rasse ableiten lassen. Hütehunde wie Australian Shepherds, Shetland Sheepdogs oder Border Collies sind bei der Arbeit an Schaf-

Ein großer oder ein klein bleibender Hund?

herden in ihrem Element. Da gehören ganztägige Bewegung, Kopfarbeit und Bellen fest dazu. Deshalb verwundert es wenig, wenn ein Hütehund, der als reiner Familienhund lebt, eine ausgeprägte Bellfreude mit einem hohen Bewegungsbedürfnis und dem Wunsch, alle immer zusammenzuhalten, verbindet.

Eine Jagdhunderasse wie beispielsweise der Deutsche Jagdterrier oder ein Schweizer Laufhund bringt oft eine hohe jagdliche Passion mit sich. Das kann – bei fehlender entsprechender Auslastung – zu sehr belastenden Verhaltensauffälligkeiten führen. Auch der vermeintlich entspannte Spaziergang im wildreichen Wald entpuppt sich dann womöglich als Zitterpartie.

Wer gerne ausgiebige Radtouren, Jogging oder rekordverdächtige Wanderungen vollzieht, ist mit einem ebenso sportlichen Hund besser beraten als mit einem eher gemächlichen oder allzu großen und schweren Vierbeiner, dessen Bewegungsapparat bei Überlastung sogar Schaden nehmen könnte. Also, vor der Entscheidung für einen bestimmten Hund unbedingt über das Einsatzgebiet der Rasse nachdenken und sich dann mit einem erfahrenen Züchter über die speziellen Ansprüche des Hundes unterhalten. Erst, wenn Sie bereit sind, diese Ansprüche in den nächsten Jahren konsequent zu erfüllen, gibt es eine Basis für eine funktionierende Beziehung zwischen Mensch und Hund. Das gilt übrigens auch für die Auswahl des Züchters. Bitte erwerben Sie keine Welpen aus undurchsichtigen Quellen. Damit würden Sie den unseriösen Hundehandel zusätzlich unterstützen. Beim Verband für das Deutsche Hundewesen e. V. (VDH) finden sich erfahrene Züchter von über 350 anerkannten Hunderassen. Mehr Informationen dazu finden Sie im Service (siehe Seite 127).

ERSTER KONTAKT MIT DEM BTCS

Auch in der Welpenzeit spielt das BTCS bereits eine Rolle und wir halten es für hilfreich, diese Zeit entsprechend zu nutzen. Allerdings erarbeiten wir mit Welpen noch nicht sämtliche Aspekte des Ausbildungskonzepts, sondern konzentrieren uns auf die ersten drei Schritte der Ausbildungsskala. Damit schaffen wir die Grundlagen, um im Junghundealter, ab 16 Wochen, mit der differenzierten Ausbildung nach dem BTCS fortzufahren.

Die innere Haltung

Der erste Punkt der Ausbildungsskala ist die innere Haltung des Hundes. Die sollte von Losgelassenheit und einem ausgewogenen Gleichgewicht von Vertrauen und Respekt geprägt sein. Unser Welpe lernt von Anfang an, dass er bei uns Wohlbefinden und Schutz findet. Dazu gehört auch, ihn vor anderen Hunden abzusichern, wenn diese zu ungestüm oder in ungünstiger Absicht mit dem Welpen umgehen. Wir halten es für wenig sinnvoll, der Emotion Angst mit Ignoranz zu begegnen. Unserer Erfahrung nach wirkt sich das Gewähren von Schutz und Sicherheit weitaus positiver auf die Beziehung zwischen Mensch und Hund aus. Die Ausstrahlung, eine Situation absolut unter Kontrolle zu haben, stärkt das Vertrauen des Welpen in seinen Menschen.

Respekt ist allerdings auch schon beim Welpen ein wichtiges Thema. Eine frühzeitige, klare Kommunikation erfolgt auch im innerartlichen Sozialgefüge, deshalb vermag der Welpe diese Struktur nachzuvollziehen, wenn sein Mensch Respekt einfordert. Wir etablieren deshalb schon sehr früh das Störsignal „Hey!“, das wir bei unerwünschtem Verhalten einsetzen.

Beim Welpen liegt der Fokus auf den ersten drei Schritten des Ausbildungskonzepts.

Ruhiges Lob: Zwei Handgriffe, die Sicherheit und Vertrauen vermitteln. Dabei streicht man sanft über den Nasenrücken und Kopf sowie über den gesamten Rücken.

Die Lobbarkeit

Die Lobbarkeit des Hundes ist der zweite Punkt der Ausbildungsskala. Der Welpe lernt deshalb, die Nähe seines Menschen als angenehm zu empfinden und ein ruhiges Lob ausgiebig zu genießen. Auch von Harmonie geprägtes gemeinsames Herumtoben ist förderlich für den Beziehungsaufbau. Allerdings sind dabei respektlose Übergriffe zu unterbinden. Gemeinsames Spiel bedarf auch im Welpenalter schon gegenseitiger Achtsamkeit, damit das Gleichgewicht von Vertrauen und Respekt nicht kippt. Wir nennen das beim Welpen „infantiles Spiel". Dieses Spiel begleitet uns allerdings über das Welpenalter hinaus, weil es später – beispielsweise in Trainingspausen – hilft, die Bindung zu festigen und den Hund aufzulockern. Das erhöht wiederum seine Motivation, gemeinsam mit dem Menschen zu arbeiten.

Unerwünschtes Verhalten unterbrechen wir mit einem Störsignal.

Die Störbarkeit

Als dritter Punkt der Ausbildungsskala kommt die Störbarkeit ins Spiel. Sie steht in direkter Verbindung zur Festlegung eines Störsignals – zum Beispiel „Hey!“. Mithilfe einer klaren Kommunikation ermöglichen wir schon beim Welpen die Unterbrechung unerwünschten Verhaltens. Gleichzeitig steht die Verbesserung des Konzentrationsvermögens auf dem Trainingsplan. Diese ist beim Welpen noch begrenzt, dennoch dürfen wir auch in diesem Alter schon ein minimales Maß an Konzentration erwarten, das wir dann allmählich altersgemäß steigern.

Service

Über die Autorin

Die Leidenschaft zu Hunden ist mir sprichwörtlich in die Wiege gelegt worden. 1984 geboren, bin ich in einem Jägerhaushalt groß geworden und schon immer von Hunden umgeben gewesen. Mein Vater bildet seit über 40 Jahren Hunde aus und deshalb hat das Thema schon früh mein Interesse geweckt. Mit acht Jahren bekam ich meinen ersten eigenen Hund, mit elf habe ich meinem Vater bei der Hundeausbildung geholfen und mit 14 Jahren habe ich meinen ersten Schutz- und Fährtenhund ausgebildet. Von da an half ich meinem Vater bei der Ausbildung der Jagdhunde und unterstützte die umliegenden Tierheime bei der Hundeerziehung. Mit 16 Jahren fing ich an, neben der Schule in Hundeschulen auszuhelfen. Dort habe ich Erfahrungen in der Leitung einer Hundeschule und in der Hundeausbildung gesammelt.

Um das Wesen der Tiere und ihre Verhaltensweisen besser zu verstehen, habe ich das Studium der Tierpsychologie absolviert und bin seit 2005 zertifizierte Tierpsychologin.

2008 habe ich meine Leidenschaft endgültig zum Beruf gemacht und die Hundeschule **Body Talk** an den Standorten Oberhausen, Hattingen und Sprockhövel gegründet. Ich bilde die Hunde nach der von mir entwickelten Ausbildungsmethode Body Talk Communication System (B.T.C.S.) © aus, die auf der Kommunikation via Körpersprache basiert. Ich bin zertifizierte Hundetrainerin nach §11 TierSchG und leite meine Hundeschule seit vielen Jahren sehr erfolgreich. Zusätzlich bin ich Sachverständige im Bereich Hundewesen des Landes NRW.

2015 habe ich die Jagdscheinprüfung, das sogenannte „grüne Abitur", erfolgreich absolviert und biete in der Hundeschule die Ausbildung zum Jagdhund an.
Neben den Hunden gilt meine Leidenschaft den Pferden und der Natur.

Buchtipps

Gröning, Pia (2. erw. Aufl. 2019): Spiele und Action für Jagdhunde. Retriever, Weimaraner, Beagle und Co. rassegerecht beschäftigen. Verlag Eugen Ulmer, Stuttgart

Krüger-Degener, Anne (2018): Wenn Hunde lachen. Der feine Dialog zwischen Mensch und Hund. Kosmos Verlag, Stuttgart.

Leinweber, Marion (2020): So versteht dich dein Hund. Körpersprache in der Hundeerziehung richtig einsetzen. Verlag Eugen Ulmer, Stuttgart

Rauch, Liane (2021): Hundetraining ohne Worte. Das Praxisbuch. Verlag Eugen Ulmer, Stuttgart

Riepe, Thomas (2018): Alles schon probiert. Hunde weniger trainieren und mehr akzeptieren. Verlag Eugen Ulmer, Stuttgart

Seumel, Ulrike (2020): Marker-Training für Hunde. Auf Augenhöhe zum glücklichen und kooperativen Hund. Kosmos Verlag, Stuttgart

Sondermann, Christina (2017): Denksport für Hunde. Knobelspiele schnell und einfach selbstgemacht. Verlag Eugen Ulmer, Stuttgart

Sondermann, Christina (2017): Einfach schnüffeln! Nasenspiele für den Hundealltag. Verlag Eugen Ulmer, Stuttgart

Tomasini, Mirko (2012): Das Leitwolf-Training. Sprachfrei kommunizieren mit Hunden. Verlag Eugen Ulmer, Stuttgart

Klicks im WWW

Homepage der Autorin mit nützlichen Infos rund um das BTCS sowie diversen Kursangeboten:
www.hundeschule-bodytalk.de

Auf Facebook:
Hundeschule Body Talk

Auf Instagram:
www.instagram.com/hundeschule_bodytalk/

Homepage der Fotografin Gabriele Metz:
www.gabrielemetz.de

Instagramseite der Fotografin Sabine Braun:
www.instagram.com/bee__pics/

Verband für das Deutsche Hundewesen e. V. (VDH):
www.vdh.de

BILDNACHWEISE

Alle im Buch enthaltenen Fotos stammen von **Gabriele Metz** (Titelfoto, Foto auf der Buchrückseite und Seite 1, 2, 4, 6/7, 8, 9, 12, 15, 19, 21, 23, 24, 25, 26/27, 34, 35, 41 unten, 42, 43, 46/47, 49, 50, 52, 54, 59, 63, 65, 66, 67, 68, 69, 75, 79, 81, 85, 91, 92, 94, 96/97, 99, 100, 103, 114, 116, 117, 118, 119, 120, 122/123 und 125) und **Sabine Braun** (Seite 11, 14, 16/17, 28, 31, 33, 36, 37, 38, 39, 40, 41 oben, 44, 45, 56, 62, 71, 72, 73, 76, 78, 82, 86, 89, 93, 104, 105, 106, 107, 109, 111, 112/113, 121 und die Bilder auf den Klappen).
Alle Zeichnungen stammen von **Helmuth Flubacher**.

IMPRESSUM

Die in diesem Buch enthaltenen Empfehlungen und Angaben sind von der Autorin mit größter Sorgfalt zusammengestellt und geprüft worden. Eine Garantie für die Richtigkeit der Angaben kann aber nicht gegeben werden. Autorin und Verlag übernehmen keine Haftung für Schäden und Unfälle. Bitte setzen Sie bei der Anwendung der in diesem Buch enthaltenen Empfehlungen Ihr persönliches Urteilsvermögen ein.
Der Verlag Eugen Ulmer ist nicht verantwortlich für die Inhalte der im Buch genannten Websites.

Bibliografische Information der Deutschen Nationalbibliothek
Die Deutsche Nationalbibliothek verzeichnet diese Publikation in der Deutschen Nationalbibliografie; detaillierte bibliografische Daten sind im Internet über http://dnb.d-nb.de abrufbar.

Anmerkung zur Schreibweise (Gendering) der weiblichen, männlichen und unbestimmten Form: Ausschließlich aufgrund der deutlich besseren Lesbarkeit wird in diesem Werk auf die jeweilige Mehrfachnennung oder Anpassung der Schreibweise bestimmter Bezeichnungen verzichtet. So stehen die Namen der Vertreter verschiedener Fachbereiche (wie Hundetrainer etc.) selbstverständlich für alle, die diese Berufe ausüben oder vertreten.

Wollgrasweg 41, 70599 Stuttgart (Hohenheim)
E-Mail: info@ulmer.de
Internet: www.ulmer.de
Projektleitung: Jennifer Zajonz
Lektorat: Alessandra Kreibaum
Herstellung: Isabell Scherrieble
Umschlaggestaltung: Michaela Mayländer, Stuttgart, www.sistemic.de
Umschlagklappen: Anette Vogt, Stuttgart, www.redsign.de
Gestaltung und Satz: Susanne Junker, Stuttgart, www.redsign.de
Reproduktion: time:ray, Jettingen
Druck und Bindung: Westermann Druck, Zwickau
Printed in Germany

ISBN 978-3-8186-1382-2